实验室安全管理与实践

张大伟 ◎ 著

吉林出版集团股份有限公司

图书在版编目（CIP）数据

实验室安全管理与实践 / 张大伟著. — 长春 ： 吉林出版集团股份有限公司，2023.9

ISBN 978-7-5731-4327-3

Ⅰ.①实… Ⅱ.①张… Ⅲ.①实验室管理－安全管理

Ⅳ.①N33

中国国家版本馆 CIP 数据核字（2023）第 181963 号

实验室安全管理与实践

SHIYANSHI ANQUAN GUANLI YU SHIJIAN

作　　者	张大伟
责任编辑	王　平
封面设计	林　吉
开　　本	787mm×1092mm　　1/16
字　　数	220 千
印　　张	14
版　　次	2023 年 9 月第 1 版
印　　次	2023 年 9 月第 1 次印刷
出版发行	吉林出版集团股份有限公司
电　　话	总编办：010-63109269
	发行部：010-63109269
印　　刷	廊坊市广阳区九洲印刷厂

ISBN 978-7-5731-4327-3　　　　　　　　　　定价：78.00 元

版权所有　侵权必究

前　言

自改革开放以来，我国经济得到迅猛发展，国家加大对教育的整体投入，我国高等教育发展进入大众化教育阶段，高校迎来了实验室建设和研究的春天。高校的办学水平一方面体现在培养学生素质、能力的高低，另一方面体现在科研成果产出的数量和质量。

高校实验室是高校不可或缺的重要组成部分，在创新型人才、应用型人才培养过程中具有重要的地位和作用，是培养学生实践能力和创新精神的重要阵地。实践证明，实验室的建设和管理水平在高校进行人才培养、科学研究和社会服务活动中发挥了越来越重要的作用，已成为推动高校跨越式发展的重要动力，是提高高校核心竞争力的必要条件，尤其随着社会转型、生产力升级以及高等教育强国战略的实施，实验室愈来愈显现出其重要性和不可替代性。

高校实验室是社会服务的主要基地。高校的职能决定了高校还必须紧密联系社会，为社会发展和经济建设提供智力支撑，努力促使科研成果转化，切实为地方经济社会发展做出应有的贡献。高校实验室通过为社会提供服务，承担科技创新、生产试验、技术研发任务，逐步融入社会之中，扩大了高校实验室在社会上的影响。这对高校实验室的生存和发展是非常有利的。

安全是人们追求一切美好生活的出发点，是创造价值和享受美满和谐社会的基石。无论什么原因，一旦实验室管理不规范，安全出了问题，酿成重大事故，直接受害的将是实验室相关人员及他们的家庭，这是谁也不愿看到的结果。事实上，实验室事故中有很大一部分是人为因素造成的。由于相关人员安全知识的匮乏，一些人存在侥幸心理，实验室安全问题日益突出。科学规范实验工作，将安全管理制度化，可以最大限度保障实验室的安全运行。因此，在充分探索实验室管理与安全的内在规律，总结实验室管理与安全的宝贵经验的基础上，本书从安全角度出发，致力于将实验室安全隐患消弭于萌芽，为实验室的管理与安全提供参考。

本书主要研究实验室安全管理与实践方面的问题，涉及丰富的实验室安全管理知识。主要内容包括实验室安全与安全管理基础知识、实验室安全基本技能、实验室危险化学品、实验室废弃物的处理、实验室安全事故的应急处理、实验室安全管理、实验室安全管理体系构建、实验室管理运行机制创新等。本书在内容选取上既兼顾到知识的系统性，又考虑到可接受性，同时强调实验室安全管理的应用性。本书涉及面广，实用性强，使读者能理论结合实践，获得知识的同时掌握技能，理论与实践并重，强调理论与实践相结合。本书兼具理论与实际应用价值，可供相关教育工作者参考和借鉴。

由于笔者水平有限，本书难免存在不妥之处，敬请广大学界专家与读者朋友批评指正。

目　　录

第一章　实验室安全与安全管理概述

第一节　实验室安全概述

众所周知，实验是探索自然之谜的有效手段，其不仅能够对最终的探索结果开展理性判断，同时，在权威性方面毋庸置疑，因此，诸多科学家都曾对实验表述过一致性的认识，即在对一切科学结论予以佐证方面必须借助的方式就是实验。实验与现代科学活动关系密切，而作为科学实验的主要场所，实验室是实现科研教学、社会服务目标的重要基地。这里承载着技术创新和人才培养的历史任务，整个人类社会未来发展走向都在此起航。失去实验室的支持，科学理论永远只能停留在假设上。

无论是何种实验，只要着手进行，就需要考虑到方方面面的因素，包括实验人员、实验方法以及设施等。所有的隐患和事故也包含在这些因素中，稍有不慎就会酿成实验室事故。一旦事故发生，轻则影响实验进程，重则危害人身财产安全，造成难以估计的损失，后果不堪设想。

出于让实验室的运行始终处于正常状态的考虑，也为了保证获得的实验结果具有更高的准确度，同时，避免实验人员的人身以及相关的财产安全受到侵害和损失，必须在日常展开制度化的安全意识教育，从而加强实验人员的操作规范性；安排专人或者设置专门的岗位来谨慎管理所有实验材料、设施等，在使用中必须坚持相关规定；按照规章制度，严格评估实验的环境、方案等，在最大限度上保障安全。

实际上，在实验室的运转期间，总是无法完全防止个别事故的发生，通常，引起事故的根源从整体上而言，其一是不安全环境因素，其二是不安全行为。这种划分方法在化学实验室尤为适用。

所谓不安全环境，主要指的是实验室内的仪器设备和配套设施的工作环境和运行状态的不安全，其原因是多方面的，具体可以分为物理环境因素、化学环境因素和生物环境因素等。不同的环境诱因分别指向不同方面的内容，比如，物理环境因素主要指向电力环境的不安全、辐射噪声方面的不安全等；化学环境因素主要指易燃易爆等方面的不安全；而生物环境因素则是针对细菌、病毒等方面的不安全；等等。

针对不安全环境因素，实验室必须在实验室设计、试剂存放、仪器使用、废弃物处理、水电系统、通风系统、消防设备、防污染、防感染等方面提出合理的应对措施，科学地制定安全防范制度并及时公布实验室安全级别，妥善保养安全防护用具，要把对安全防护用具的检查做到常态化，争取做到发现与处理相同步。

不安全行为包括个人主体思想麻痹、有侥幸心理、生理上注意力不集中、欠缺必要的安全管理知识与技能等方面。从产生事故的数据来看，有85%～90%的安全事故是由人的不安全行为所致。

任何事故都会影响实验室的正常平稳运行，干扰科研活动的有序开展。从辩证的角度来看，实验室事故的原因可以分为直接原因和间接原因，而不安全行为则属于直接原因，不安全环境属于间接原因。可以说，实验室安全管理的核心工作就是要杜绝人的主观操作失误所引起的安全事故，所以，为了避免发生实验室事故，为实验室工作的有效开展营造一个安全的工作环境为当务之急。

为防止事故的发生，降低事故危害，实验室应积极行动应对各类危险隐患。针对人的不安全因素，实验室人员不仅需要规范化的管理制度进行约束、认真履行实验室安全操作规程、落实实验室安全责任人，更需要所有实验室相关人员都具备有关实验室安全的知识以及应对危险、防止事故的策略。

所有在实验室工作的人员必须认清责任，当发现实验室存在任何不符合安全管理的倾向时，都应立即坚决予以纠正。在进行实验时，工作人员应提前了解并评估实验风险，与此同时，要做好安全预案，将预防措施真正落到实处。实验室管理者还应定期或不定期对实验人员进行安全主题教育，特别是要面向刚刚进入实验室工作的新手进行重点教育，对实验室安全防范措施要定期演练。

涉及化学品的储存和移动、化学危险品试验、防火防电以及对有毒物品的处理，都应特别注意。实验室安全才是实验室开展一系列工作的大前提，必须对实验室工作人员予以合理的约束与监督，以保障安全管理制度真正落到实处，能够被实验室人员自觉地遵守。实验室管理者更应正确理解安全管理的意义，充分认识安全管理对提升实验室安全水平、降低事故风险的巨大价值，让安全措施得到合理有效的执行，实现实验室安全管理工作的体系化和制度化，从而提高实验室的安全系数，增强实验室抵御风险的能力。

在开展实验活动时，一方面实验人员承担着实验失败的巨大风险，另一方面他们的人身安全、实验室仪器设备的安全也面临威胁。这必须引起相关人员的足够重视。据统计，实验室事故的诱发因素往往存在着共同点：缺乏安全知识，思想上麻痹大意，态度上不够谨慎，不按照安全守则进行规范操作，常常抱着一丝侥幸心理，而没有正视潜在危险。基于此，在实验的准备阶段，就应该清楚掌握实验安全标识，了解实验室安全方面的知识，一切实验操作严格遵守规程进行。无论对实验如何熟练、实验如何简单，都务必小心谨慎，照章办事，这样才能顺利安全完成实验。

实验室不仅是培养人才的摇篮，也是科研成果的产地，其安全与否直接关系到人才培养和科学研究的发展与建设能否顺利进行。存在安全隐患的实验室环境，必将对教学、科研以及人身安全产生严重影响。大量数据说明，一些重特大事故往往是由于实验人员的疏忽大意造成的。进行实验工作时，人们并非没有发现问题，而是常常对事故征兆心存侥幸，认为"多一事不如少一事"；还有一些情况是实验人员不能认清事故的危害性，没有足够重视。一些人对安全检查采取应付的态度，抓一阵子后就松下来，得过且过，一旦发生事故又后悔不已、顿足捶胸。任何事故的发生必然有其隐患存在，预防事故，保证实验室安全就必须从消除隐患做起，要慎之又慎、时刻警惕、加强管理、查缺补漏，将隐患彻底消除在萌芽状态。只有天天讲安全，才能月月安全、岁岁安全。

居安思危，才能防患于未然。安全管理只有起点，没有终点。越是在实验接近成功的时候，越要保持清醒的头脑，不能以所谓进度忽视安全管理。时刻以安全为前提，将安全管理放在第一要务的位置上，早发现事故隐患，早做好有针对性的防范工作，防治并重，实现实验室的安全运行和长久稳定。

第二节　实验室安全管理的原则和性质

实验室管理与安全是将安全作为基本要素，研究实验过程中各因素的规律，就是要研究实验过程中的消防环境安全、化学安全、生物安全、机械安全等一系列安全问题，对内部人员开展实验室安全教育等安全培训工作，并保持持续的培养，保证实验工作顺利进行，确保实验人员生命及财产安全。

实施实验室安全管理，要根据原则办事。其基本原则是要在理顺管理体制、完善安全制度、深化安全教育的前提下，必须有计划、有要求、有布置、有检查、有措施，扎实推进，戒骄戒躁，努力做好实验室安全管理各项工作。通过有效管理，确保实验室安全管理落实到每一个安全环节当中。

在实验室安全管理的工作中，一些管理者将安全工作仅限于规章制度上，重视表面文章，理论远大于实践；还有些管理者采用运动式管理模式，经常是等事故发生后才后知后觉，吸取教训并进行整改。以上管理模式在具体实施上往往太过于被动，缺乏主动出击的精神，且具有很大的盲目性。

被动的实验室安全管理模式，从实验室环境、人员、设施方面来说，还往往有着很大的局限性。在处理实验室安全问题上，只注重表面的安全工作，或是凭经验、凭感觉办事，缺乏深入分析，是很难发现事故隐患的，也就无法将隐患消除在萌芽状态。此外，这种管理模式太过于随意，缺乏定性定量的分析和评价。比如，某个实验项目的安全性多大，发生事故的概率是多少，事故的隐患在什么地方，事故发生后造成的影响有多大，如果不能将这些问题在事故发生前做出回答，就会很难预防事故的发生。

做好实验室安全管理，杜绝事故隐患，应明确实验室安全管理的性质。实验室安全管理的性质大体上分为以下几点。

一、系统性

实验室安全管理具有一定的系统性，这也是实现实验室有效管理的基础。在系统建设中，应从全盘上考虑，将实验室的各个要素全部纳入系统之中，通过统一的规划与优化，实现最优控制。系统性强调系统化分析，建立起能够达成任务目标的若干子系统。实验室安全管理系统与科研管理、财务管理、后勤管理等其他系统形成不同形式的有机联合，同时也能与社会的很多系统产生关联。可以说，构建和优化实验室安全管理系统，对有效开展实验室管理工作，具有非常重要的现实意义。

二、科学性

科学技术是第一生产力，实验室的一项重要社会功能就是推动技术进步。因此，为保障这一社会功能的顺利实现，必须要重视实验室的成果转化。实验室应根据具体情况，以服务社会经济发展为宗旨，将科研成果尽快普及社会生活当中。为实现这一目标，更应做好安全管理工作，以避免因为事故造成科研工作的停滞，迟缓科研成果的市场转化。此外，大量实验设备闲置也会造成巨大的公共资源浪费。实验室应主动避免这种状况的发生，尝试建立大型精密仪器设备共享机制，并制定科学的收费标准以及效益核算等管理制度，实现优势资源的共享。实验室应牢牢抢占科技制高点，把握住发展机会，优化科学管理机制，实现良性发展。

三、专业性

实验室安全管理工作有其专业内容和自身特色。现代实验室的实验过程采用社会化大生产的模式开展实验，实验人员分工明确，个人岗位职责划分清晰。实验进行期间，不同专业的实验人员共同协作，按照实验技术要求进行合理组织，利用各类仪器设施完成各项实验步骤，最终达到实验目的。这种合作模式一方面提高了工作效率，另一方面也因人员成分复杂而产生事故隐患。实验人员应具有处理突发事故的能力，更需要掌握安全专业知识，最终通过专业化的安全管理，使各要素结合起来，避免事故的发生。因此，未来的实验室安全管理工作一定是专业化的管理。

四、长期性

实验室安全管理工作具有不确定性，有着特殊机制，并不以人的主观意志为转移。安全事故的发生，具有很大的随机性和偶然性。当人们认为万事俱备，可以放松警惕时，事故往往接踵而至。安全管理工作也没有固若金汤的说法，只有进行慎而又慎的长期的安全工作，才能有效降低事故发生的概率，避免事故的发生和扩大化。所以，实验室安全管理工作是一项艰苦的、细致的、复杂的工作，而这种类型的工作最大的特征就是长期性。只有保持安全管理工作的常态化，将这一工作任务当作一项长期任务来抓，才能保持实验室的安全平稳运行。

五、预防性

安全管理保证了实验室安全平稳运行，防止事故发生。但由于事故风险不可能被彻底消除，只能预防应对。做好预防工作，不仅要进行长期深入的工作，而且要进行科学的安全评价，通过分析了解实验室或实验环节中潜在的危险以及薄弱环节，早发现、早处理。将预防工作放在实验室安全管理的首要位置，可以大大降低实验室安全事故发生的风险，同时提高实验室工作人员的安全防范职业素养，培养工作人员的安全责任意识。

重视实验室建设与安全管理工作，是各级教育主管部门及高校的共识。国家先后出台了多项政策规定，如《高等学校实验室工作规程》《国家教育委员会关于加强高等学校实验室工作的意见》等，对实验室相关工作做出规定，同时也指出要做好实验室安全工作。在保障实验室服务国家、服务社会的前提下，实验室安全工作应从总体出发，全盘考虑，将安全管理内容引申到实验室的基础设施建设、水电气设计、药剂规范化管理等方面。对实验室安全，要进行综合论证；对实验室潜在危险，要进行客观报告。真抓实干，落实安全管理领导责任制，认真履行安全管理工作，加强对实验室工作人员的安全素质教育，加大实验过程中的安全管控力度，通过安全预防和分析评价，建立起符合实验室自身安全特点的管理制度和安全防护体系。

第三节 实验室安全管理注意事项

安全工作是实验室正常运行的必要条件。现代实验室构成复杂，一方面，现代科学实验需要用到大量的化学品，因此实验室储备的化学品种类繁多，具有强烈腐蚀性、易燃易爆和有毒甚至剧毒的药剂比较多；另一方面，各种水、电、气设施以及各种实验仪器也比较复杂，容易出现故障。

实验室安全管理需要注意的事项，简要概括为以下几个方面。

一、人员安全

在进行实验时，实验人员要明确认知自身安全工作的重要性，掌握实验所需仪器设备的性能，采用科学的方法进行实验操作。对于一些无法预期的实验，实验人员应谨慎控制实验规模，如用小剂量药品进行测试，同时也要采取有效防护措施，做好安全防护工作。在实验过程中，不得随意改变数据，肆意加大剂量，要严格遵守实验规程，安全至上。

从事危险化学药品实验的相关工作人员，在上岗之前要进行相关安全培训，熟练掌握实验方法和步骤，要在实验中做到全程安全处理。特别是在涉及危险系数较高的化学试验时，要注意遵守国家和行业的有关规定，照章办事，严格开展实验。不得心存侥幸心理，禁止盲目操作。管理部门要树立安全意识，强化对工作人员的安全培训工作，确保工作人员完全掌握各项安全技能，并且要定期或不定期组织安全考核，考核合格的可以上岗，不合格的不得上岗。

二、防火安全

在实验室挑选合适的地方（容易寻找到的地方）配置标准防火用品（如灭火器、

沙袋等），实验室管理人员要定期检查防火器材状况，确保防火器材完好可用。实验人员必须知道防火器材的存放地点，知道具体使用方法来应对不同的灭火对象。

不得随意乱接导线，不得在超过电路最大负荷的情况下用电，实验室内杜绝裸露在外的电线接头，不可以拿金属丝替代保险丝使用，不可以在电源开关箱里面放置杂物。对于一些可能诱发火灾的隐患，工作人员要及时进行处理，不可坐视隐患发展演变最终酿成事故，要以高度的责任心去应对火灾风险。

三、设备安全

实验人员要知道水、电、气等设备的开关所在位置，一旦发生意外事故能第一时间找到开关。实验中断或结束，实验人员要认真进行安全检查，在确认安全后才能离开。安全检查的重点是水、电、气以及实验室门窗是否关闭。有些设备不能关闭电源的，如冰箱，也要做好安全检查工作，确保实验室安全。

对设备仪器进行定期维护。根据仪器设备性质的不同，积极开展防火、防热、防潮、防冻、防尘、防震、防磁、防腐蚀、防辐射等有效技术性防护措施。要精心养护实验室设备，及时处置各种故障，避免设备带病作业，保持设备的安全运行。

四、空气安全

空气安全关系到实验室人员的呼吸健康。对此，实验室需要注意做好日常通风工作，保证实验室内空气的清新度。在进行伴随有毒性、强烈刺激性气体释放的实验操作时，应在通风柜中进行，实验人员的头部不得伸入通风柜内，同时配备防毒面具。一旦实验室受到有毒气体污染，要先疏散人员，再全面通风，消除威胁。

五、生物安全

世界各国对生物安全的管理都非常重视，这是因为生物安全关系到人类的健康和生存。实验室对于生物安全要以高度的重视和谨慎开展工作，对实验室可能的生物污染风险要做到有效预防和高标准监管，落实防控机制。对于实验本身要定期开展检查和自查活动，对于排查出的问题和隐患要早报告早处理。

因为生物安全实验的重要性，所以任何人不得随意采集、运输和接收重大动物疫病病料，也不能以其他"合法"方式转移重大动物疫病病料，否则将接受法律的制裁。

六、病原微生物安全

根据病原微生物传染能力及危害程度，可以将其划分为四种类别。一是能够给人类或者动物造成极大危害程度的微生物，这其中既包含已发现的微生物，同时也包括未发现的微生物以及已经完全消灭的微生物。二是能够给人类或者动物造成较大危害程度的微生物，这类微生物极易在人与人之间以及人与动物、动物与动物之间进行传播，因此危害层面较广。三是能够给人类或者动物造成危害程度较低，而且传播风险有限的微生物。这里所指的危害程度较低，既包括病原微生物本身的危害程度低，同时也包括经过人为干预之后而形成的危害程度低两种类别。四是常规微生物，即不易给人类或者动物造成危害或者疾病的微生物。

对于各种病原微生物的存放与研究工作，要严格按照制度流程进行。对病原微生物样本的使用记录要做到翔实仔细，不能出现错误。此外，还要建立起规范化的档案制度，档案具体记录各项数据，并由专人负责管理。

对于具有较高危害性的病原微生物样本，实验室内不宜存放或者保存。如果上级部门或者领导要求，也必须由专库或者专柜单独储存。

七、防辐射安全

实验室存在辐射的工作场所必须安装防辐射、防泄漏设施，如防辐射铅门，以保证放射性同位素和射线装置的使用安全。凡是有放射性物质的设备仪器，以及有辐射源的工作场所入口处，都必须放置辐射警示标志和工作信号，提醒人们注意安全。

在涉及相关辐射的实验时，各相关工作人员要注意做好放射防护工作，注意保持职业健康监护常态化并接受个人辐射剂量监管，熟悉放射防护方面的专业知识。工作人员上岗前要在有放射防护资质的单位进行安全培训，培训后进行考核，只有通过考核才能上岗，上岗后还要参加卫生主管部门的定期审查，审查合格者才能够继续从事相关实验工作，不合格者则要继续学习。

八、实验室网络安全

实验室要重视网络、信息安全工作，严防资料泄密。在实验室日常工作中，要加强实验室网络安全的防范措施。对所承担的保密科研项目或实验技术项目的分析测试数据和大型精密仪器设备图纸等信息、资料，必须按保密等级存放，设专人管理，严禁外泄。

第四节　实验室安全责任管理

实验室的安全管理，应建成一项系统的、立体的综合管理体系。该体系由稳定的组织结构、完善的管理制度、健全的安全教育制度以及相应的安全技术和安全条件构成，对防控实验室事故的发生有着极其重要的意义。稳定的组织结构能够保障安全管理体系的良好运行，完善的管理制度能让实验室安全管理工作变得有章可循，健全的安全教育制度能帮助实验人员提高安全意识以及提高实验人员的防范水平，安全技术和安全条件则是安全的保障，是实验室安全工作的技术和物质基础。

由于实验室中化学实验常常伴随着危险，任何时候都不能粗心大意。但在具体工作中，很容易出现一些乱象，比如，在管理中存在着主体安全责任不清晰的现象。由于很多实验室的管理制度比较笼统宽泛、流于形式，对实验室的安全责任规范和划分不够细致、不够全面、不够具体，安全责任划分缺乏针对性，在实际管理中无法真正落到实处。还有一些实验室安全责任职能不明确，在具体工作中存在互相推卸责任和安全责任任务交叉的情况，导致实验室安全责任管理效果不理想。

针对上述乱象，要激活安全管理体系中的各级人员，使其发挥出最大功效，应强化安全意识，充分落实制定好的各项规章制度，充分落实岗位责任制，及时处理安全隐患，严格按照责任制进行管理。将安全责任具体落到实处，克服安全工作与己无关的错误思想，能够极大增强全员的工作自觉性和责任感。

安全生产的重要工作之一就是安全生产责任制的制定和执行。建立完善追责制度，能够强化实验室的安全管理工作，从而有效防止事故发生，保障生命财产安全，保障正常的科学研究和教育活动有序进行。在工作上，要保持"以人为本、安全第一、预防为主、综合治理"的工作精神，逐级建立实验室安全责任体系，并保证落实到位。对不能履行职责或管理不善等问题造成事故的，要根据章程对责任人启动追责。

在安全基础设施建设、安全管理体系构建以及安全教育机制真正落到实处的前提下，由主管部门带头签订安全生产责任状也是一条强化安全责任管理模式的有效途径。涉及主管危险品安全工作的相关职能部门与实验室管理部门签订责任状，实验室管理部门与其他部门工作人员签订责任状、落实责任制。根据"谁使用、谁负责；谁主管、谁负责"的工作方针，职能部门以层层责任管理的模式，与实验室管理部门、其他各部门工作人员确立所属职责，真正将实验室运行的安全生产责任制落实到位，让每个环节都有科学严谨的规章制度和责任约束，能够让所有人充分认识到自身在实验室安全管理上所肩负的重要职责。

要将建立和落实安全责任制当作一项常态性和常规性的工作任务来抓，不能够存在任何松懈或者侥幸心理。安全责任制的确立有助于实验室危险化学品的安全管理，但同时也要明确其法律责任。层层签订安全责任状的做法固然很好，能够明确各自的职责，是一个好办法；然而由于没有明确法律责任，一旦不认真履职，也不用承担相应的法律责任。因此，实验室安全责任管理，应强调法律责任——若事故发生，轻则追究责任人民事责任或行政责任，重则追究责任人刑事责任。这样一来，实验室管理者和实验人员在工作中会愈加谨慎，尽力避免安全事故发生。厘清责任，让一切有法可依，这也是法治精神的体现。

在落实安全责任的同时，也应将实验室安全管理等方面内容纳入年终绩效考核当中。工作人员岗位评聘、职务晋升、评奖评优的指标与考核结果直接挂钩，鼓励开展安全工作考核和评比活动，对在安全工作中表现出色、成绩优异的部门和个人，经报上级审批后，给予表彰和奖励，并颁发证书，以示鼓励。

第二章 实验室安全基本技能

第一节 实验室消防安全

实验室一旦发生火灾，往往造成巨大的人员、财产损失，且难以扑救。导致实验室发生火灾的因素有很多，如实验室大功率用电设备的不合理使用、易燃易爆化学品储存不当等都可能出现火情。实验室防火不仅是消防工作的重点，而且是实验人员综合素质的体现。实验室是防火重点单位，应对实验人员进行全面、科学的消防安全知识教育。

一、火灾的发展过程

实验室火灾从开始到熄灭可以分成初起阶段、发展阶段、猛烈阶段和熄灭阶段。

（一）初起阶段

初起阶段是指火灾发生后几秒的一段时间。该阶段燃烧面积小，火势并不大，周围物体开始升温，温度缓慢上升。初期是灭火的最佳时机，一旦失火，火势就会蔓延，造成人员和财产的严重损失。

（二）发展阶段

发展阶段是指随着燃烧强度的增加，气体对流增强加剧燃烧，燃烧面积迅速扩大。因为火灾时间长，这个阶段需要投入大量的消防力量才能把火扑灭。

（三）猛烈阶段

猛烈阶段是指燃烧区域扩大，释放大量热能，导致火场温度急剧上升，燃烧进一步加剧，火灾达到剧烈程度的阶段。由于此时火势非常凶猛，且伴随着大量的有毒气体释放，这一阶段也是火灾最难以扑救的阶段。

（四）熄灭阶段

熄灭阶段是指火场的火势被控制以后，由于灭火材料的作用或可燃物已经烧尽，火势渐弱直至彻底熄灭的阶段。

二、火灾的分类

根据可燃物的种类以及燃烧特性，可以将火灾分为五类。

（一）A 类火灾

A 类火灾是指含碳固体可燃物引起的火灾，如木质桌椅家具、棉麻布料、普通纸张等燃烧的火灾。

（二）B 类火灾

B 类火灾是指可燃液体引起的火灾，如汽油、煤油、柴油、甲醇、乙醇、乙醚、丙酮等燃烧的火灾。

（三）C 类火灾

C 类火灾是指可燃气体引起的火灾，如煤气、天然气、液化气、氢气、甲烷等燃烧的火灾。

（四）D 类火灾

D 类火灾是指可燃金属引起的火灾，如锂、钠、钾、镁、铝镁合金等燃烧的火灾。

（五）E 类火灾

E 类火灾是指带电物体燃烧的火灾。

三、灭火方法

一般采用破坏可燃物燃烧的条件，来实现灭火的目的。灭火通常有四种方法。

（一）冷却法

根据可燃物的燃烧必须达到一定温度的原理，灭火剂可以直接喷在燃烧物的表面，使可燃物的表面温度低于燃点，使燃烧停止下来，从而达到灭火的目的。例如，用消防用水灭火的方法。

（二）窒息法

减少火灾现场燃烧区域内的氧气量，防止空气流入燃烧区域或用不易燃烧的物质替代空气，使大火因缺少氧化剂而自动熄灭。例如，可采用防火毯、湿被子、石棉等不易燃烧的材料隔绝可燃物，用沙子覆盖，喷射氮气、二氧化碳等不支持燃烧的气体，封闭空间等办法。

（三）隔离法

分离燃烧物与未燃烧物，限制燃烧范围。如设置隔离带，阻断火势蔓延通道从燃烧区转移可燃、易燃易爆物品；关闭可燃气体、液体管道阀门；堵截流散的可燃液体；严禁可燃、易燃易爆物品进入火灾现场；拆除火场附近的可燃、易燃装置。

（四）抑制法

化学灭火剂参与燃烧反应过程，使燃烧过程中产生的自由基消失，形成较为稳定的分子或低活性的自由基，使燃烧停止。如干粉灭火剂、卤素灭火剂等的使用。

四、灭火器的选用

（一）灭火器的选择

灭火器是一类常见的、可移动的灭火工具，由筒体、器头、喷嘴等部件组成，利用驱动压力可将内部的灭火剂喷出，实现灭火的目的。灭火器具有结构简单、操作方便、轻便灵活、灭火迅速、使用广泛等优点，是能将火灾消灭在初起阶段的重要器材。

灭火器的种类繁多，较为常见的灭火器分为水基型灭火器、干粉型灭火器、二氧化碳灭火器、洁净气体灭火器四类。使用灭火器进行灭火时，应根据不同的火灾类型，正确选择灭火器的类型，才能有效地扑救不同种类的火灾，达到预期的效果。如二氧化碳系列灭火器可适用于扑灭油类、易燃液体、可燃气体、电器和机械设备等初起火灾。

（二）灭火器的使用方法

手提式灭火器的使用方法：拿起灭火器后，首先拔掉保险销，一只手握住胶管前段，对准燃烧物；另一只手用力压下压把，使得灭火剂喷出，将火扑灭。

实际使用灭火器时，应特别注意以下细节。在室外灭火时，应站在上风的位置，并注意观察火情，随时发现风向的新变化。这样既有利于灭火，又能保护个人安全。保持一定的灭火距离，做好安全防护，避免受到不必要的伤害。灭火器应根据实际情况拉开一定距离，边向前喷射边移动，迅速扑灭火灾。灭火时应在火源根部喷射灭火器，切断燃烧物与氧气的联系。用灭火器扑灭液体火灾时，不能直接冲击液体表面。一旦液体表面受到冲击，会发生液体喷溅，液滴会形成新的火点，导致燃烧区域范围扩大化，加重火情。

（三）灭火器的维护和检查

灭火器应放置在易发现、通风、阴凉、干燥、无腐蚀的位置，要保证火灾发生时能迅速找到灭火器。不可以让灭火器长时间在日光下暴晒，日光的直接照射可能会造成气瓶内气体受热膨胀，发生漏气现象。此外，灭火器只能在扑灭火灾时使用，没有火情时不得擅自开启使用，更不能挪作他用。灭火器在有效待用期间，应由专人进行检查，保证灭火器能在火灾发生时安全使用。

五、火灾事故的预防

在化学实验中，常常使用乙醇、乙醚和丙酮等大量易挥发、易燃烧的有机溶剂，操作不谨慎会引起火灾事故。所以，在实验前，一定要做好对仪器设施检查的工作，确保气密性良好；在对挥发性的易燃溶剂进行处理时，要保证远离火源，同时防止电火花出现。一般情况下，实验室内不得贮存大量易燃易爆物。

六、实验室火灾注意事项和应对措施

（一）火灾发生时的注意事项

（1）头脑始终保持冷静，不要慌。如有可能，应切断电源或关闭实验室。关闭燃油供应阀，清除周围易燃物。

（2）发生小型火灾时，应寻找合适的灭火设备，开启灭火器对准火源，快速灭火。为防止火灾失控，应随时做好疏散工作。

（3）发生重大火灾时，迅速疏散现场，拨打火灾报警电话，告知火灾详细地址、燃烧类型、联系电话、火灾报警人员姓名，并迎接和引导消防车尽快到达现场。

（4）从火灾现场逃生时，如有浓烟，应匍匐离开。衣服着火时不要乱跑，马上把衣服脱下来。

（5）以较低的姿势靠墙撤离，并关上身后所有的门。不要在没有后援人员的情况下进入有火情的房间。如果房门的上部发热，这个时候不要打开房门。

（6）尽量转移装有气体或液化气的钢瓶到安全区域。

（二）紧急状况下的应对措施

1. 对小火的反应

（1）通知其他人，大声呼救，寻求更多帮助。

（2）正确使用灭火器材，对准火焰底部喷射灭火剂，快速灭火。

（3）灭火时，面朝火势，背对着消防通道。如有必要，可利用消防通道及时逃生。

（4）用湿毛巾捂住嘴和鼻子，以免吸入毒烟。

2. 对大火的反应

（1）立即拨打火警电话报警，有序疏散实验室人员，安全转移。

（2）封闭火势蔓延的通道，以阻止火势的发展。

（3）疏散过程中禁止使用电梯，要走专用的消防通道。除救援人员外，其他人不得在火场逗留。闲杂人员不得在火场附近围观，阻碍救援。

（4）火灾现场应留有经验丰富的人员参与救援。

（5）未经上级部门指示，任何人不得擅自返回火灾现场。

第二节　实验室用电安全

一、用电常识

在实验室中正确使用插座是安全用电的重要内容。插座有两孔、三孔、四孔等几种不同的类型，适用于不同的用途。

（一）两孔插座

两孔插座一般用于小型的单项电器，电压为 220V。两孔插座用于两芯插头使用，通常都是 10A，所承受的电器功率相对较小，功率应控制在 2200W 以下。

（二）三孔插座

三孔插座一般用于带有金属外壳的电器和精密仪器，电压为 220V。三孔插座分别为带电线、中性线和地线。三孔插座有 10A 和 16A，16A 的三孔插座可以承受 3500W 以内的大功率。三孔插座多用于大功率电器，其中两个并列的为左零右火，另一个插孔在插座上接地，插头上相应的插脚连接在电器外壳上。

（三）四孔插座

四孔插座主要用于供电。四孔插座中有三个是相线，一个是中心线。火线与中心线之间的电压为220V（相电压），火线与火线之间的电压为380V（线电压）。为仪器配置插座时，必须考虑功率匹配问题。电源插座一般标有最大允许通过电流，不得将小电流插座配置为大功率带电器，以免使插座过热、短路、烧坏而引起火灾。实验室使用的220V交流电是从三相电的每一相中分组供电（每相提供几个试验台）获得的，因此应考虑电器的分布。三相电的平衡，尽量使同一实验室的两根相线上的负载平衡。此外，还要注意每相上的设备总功率不可以超过电源线的额定功率。

二、使用仪器时的用电常识

（一）使用仪器时必须注意电压匹配

实验室提供的电压是否与仪器要求的工作电压相同。如果不同，则必须使用变压器来调整电压，使它们能够相互匹配。

（二）精密仪器对电源一般要求较高

电压的不稳定会影响仪器的精度。电源电压的不稳定会造成电流大小的误差，尤其在精密器件中，电源误差不仅会有损坏器件的可能，还有可能产生误动作（常见于数字电路中），低电压的器件对电压很敏感，需要很好地稳压输出，所以需要配用交流稳压电源。

（三）计算机类的数字化仪器对电源要求更高

一般需要配备线式电压调节器，有条件的还应配备不间断电源。随着计算机系统处理的数据越来越庞大，工作速度越来越快，对电能质量的要求也越来越高。例如，毫秒级的停电对照明系统等常见电气设备不会造成重大影响，但对计算机系统而言，轻则数据丢失，重则死机。

（四）大型用电器

如大功率电机启动时电流很大，容易造成电源三相间的不平衡或对同一线路中其他仪器造成冲击，产生不利影响。所以出于用电安全考虑，应采取降压启动方式，即在低压条件下使电机缓慢启动，逐渐升压到正常。

（五）铺设绝缘材料

在用电较多的实验室的地板和工作台上放置绝缘胶板，这是明智之举。规范管理绝缘胶板，加强对绝缘胶板接合部的管理，对实验室重点部位进行绝缘胶板使用。

根据实际情况，制定切实可行的绝缘胶板使用规范，保证实验室电气设备安全平稳运行。

（六）开关安装在火线上

需要安装开关的仪器或线路，开关一定要安装在火线上。把开关接在零线上本身就存在一些安全隐患，只有把开关接在火线上，才能保证开关断开以后用电器不带电，如果接在零线上，开关虽然断开了，但是火线仍然与电器连通，当使用者不小心接触到电器时就有可能发生触电的危险。

三、用电注意事项

（一）检查线路

实验室工作人员应经常检查实验室的供电线路。一旦发现线路绝缘老化或部分裸露，应立即更换线路。注意电源线远离高温源，防止过热引起的绝缘皮老化或绝缘能力下降的风险。

（二）插头与插座要匹配

单相电气设备，特别是移动电气设备，应采用三芯插头和三孔插座。在三孔插座上有一个特殊的保护接零（地）插孔。采用零连接保护时，应将零线从电源端引出，而不是从距离插座最近的零线引出。当电源零线断开，或火（相）线与电源零线反向连接时，外壳等金属部件也会与电源电压相同，造成触电事故。因此，接线时应将专用接地插孔与专用保护地线连接，地线不得与电网的零线连接。

（三）接地保护

使用四孔插座时，必须保证中心线绝对可靠，不出现短路现象，否则会造成三相电源不平衡或电气事故。三相四线制电路应采用接地保护，即在三相四线低压电路的电源中性接地点处，将电气设备的金属外壳与中性线连接。这样，当电气设备的一个相的绝缘被损坏而与外壳接触时，形成一个相短路，该相的保险丝熔断，能迅速切断电源，不会造成危险。

（四）人不离岗

在使用电器时，实验人员不可以离开电器，应注意电器的运行情况。一旦出现异响、异味、火花、冒烟等现象，必须立即停机。在查明原因后，排除故障，可继续使用。使用电器后要记得切断电源，拔掉电源插头。

（五）保护器安装合适的熔丝

实验室中需直接测量强电的参数或使用自耦变压器时，应使用隔离电源，与电网断开，防止触电事故发生。漏电保护器要经常试跳，以防止工作不正常。

需要注意的是，还应装上合适的熔丝作为补充手段。漏电保护器只在线路有漏电情况时才会起保护作用，并不参与过载或短路保护。当出现过载或短路的情况，熔丝的熔断机制就会保护电路安全。

（六）正确选择和安装电器

各种电器都有一定的使用范围，不要混用。电器的安装应按操作规程逐步进行，不能为了图方便就省略操作规程。任何不正确的安装行为均要立即予以纠正。

（七）遵守操作规程，合理使用各种安全用具

检修电路时，应先拉开总开关，要有警示，然后进行操作。在停电时必须进行带电作业，注意合理使用各种安全工具（如试电笔、绝缘鞋等），确保人体对地具有良好的绝缘性，并尽量单手操作，防止触电。

（八）防止部分绝缘损坏或受潮

为防止电线损坏，不要将电线挂在钉子上；不要用电线钩住某物；不要用电线将两根电线绑在一起，拉动电线等。不要用湿手或物体接触电源。不要用湿布擦拭电线或仪器上的灰尘，以免电线受潮。

（九）正确应对电气火灾

当发生电气火灾时，首先要切断电源。切断电源以后，尽快用水或灭火器灭火。如果需要在不断电的情况下控制火灾，就必须使用不导电灭火剂来灭火，不能使用水或泡沫灭火器灭火，而应使用干粉灭火器和二氧化碳灭火器等含有不导电灭火剂的灭火器。

（十）铺设防静电地板，使用专用插座

每台计算机应配备一个专用插座，以尽量减少临时插板的使用。没有防静电地板的机房，电源线必须用绝缘线管或线槽保护。供电线路和插座不能明铺在地面上，防止人员因意外与供电线路触碰绊倒，而发生触电事故。

第三节　实验室机械设备使用安全

一、实验室机械设备安全概述

机械是机构和机器的总称。机构是各组成部分间具有一定相对运动的装置，如车床的齿轮机构、走刀机构，起重机的变幅机构等；机器是用来转换或利用机械能的机构，如车床、铣床、钻床、磨床等。由机械产生的危险，是指存在于机械本身和机械运行过程中的危险。它可能来自机械自身、机械的作用对象、人对机器的操作以及机械所在的场所等。有些危险是可见的，有些危险是不可见的；有些危险是独立的，有些危险是综合的。因此，必须把由人、机、环境等要素组成的机械加工系统看作一个整体，运用安全系统的观点和方法，识别和描述在对机械的使用过程中可能产生的各种风险，预测风险事件发生的可能性，为安全作业制定相关的机械安全标准，为安全风险评估提供依据。

对实验室机械设备而言，要求安全工程技术要从更高的认识角度，用安全系统的观念和知识结构去解决机械系统的安全问题。安全问题的对象虽然还是机械，但解决问题的人的认识角度和思维方式已经改变。

机械设备安全是从人的需要出发，在使用机械设备的整个过程的各种状态下，达到使人的身心免受外界因素危害的存在状态和保障条件。当机械设计或环境条件不符合要求时，就有可能出现与人的能力不协调的情况。为了最大限度保护机械设备和操作人员的人身安全，避免恶性事故的发生，减少损失，需要系统地提供高度可靠的安全防护保障机制。

实验室安全防护保障机制包括以下三个部分。

（一）机械安全教育机制

应帮助操作人员掌握安全知识，理解各种机械设备的安全操作规程，树立机械安全和环保意识。如工程训练课程坚持执行的5级安全教育模式，即安全动员、安全报告、安全指南、实验项目安全教育和操作设备前现场安全教育。

（二）机械安全保护机制

通过实验室和机械设备的安全保护装置，从技术层面上降低事故发生的概率，减少事故风险。

（三）机械安全事故应急处理机制

通过正确快速的应急处理，最大限度保障实验人员的人身安全，并降低事故造成的经济损失。

二、实验室机械类事故产生的原因

机械类事故产生的因素主要存在于机器设备的设计、制造、运输、安装、使用、报废、拆卸以及处理等多个环节的安全隐患当中。机械类事故往往是多种因素共同作用的结果。

从实验室危险源来看，可以从物的不安全状态、人的不安全行为和安全管理缺陷找到具体原因。

（一）物的不安全状态

物的安全状态是保证机械安全的重要前提和物质基础。物的不安全状态将构成实验中客观存在的安全隐患和风险，是事故发生的直接原因。例如，机械设备本身设计不合理、不规范，不符合要求，不能满足人机安全标准，计算误差大，安全系数不达标，使用条件不充分；制造零件质量不高，偷工减料，质量低劣；运输和安装过程中的野蛮作业使得机械设备及其零部件受损而留下隐患。

（二）人的不安全行为

在机械设备使用过程中，人的行为容易受到生理、心理等因素的影响。缺乏安全意识和安全素质低下等不安全行为是造成事故的主要因素。人的不安全行为集中表现在工作习惯上，如工具乱丢乱放、站在工作台上装卡工件、测量工件时不停机、越过旋转刀具拿物料、随意攀越大型设备等。

（三）安全管理缺陷

安全管理包括安全意识、对实验人员的职业安全培训、对危险设备监督和管理、安全规程的实施等。安全管理缺陷带来的高风险同样对事故的发生有着推波助澜的作用，可以说是实验室事故发生的间接原因。

三、实验室机械安全防护措施

（一）安全操作的主要规程

要避免机械类实验时发生事故，不仅需要机械设备自身满足安全要求，而且要求实验人员严格遵守安全操作规程。虽然各种机械设备的安全操作内容各异，但基本安全规程原理上是相通的，因此以下规程适用大多数机械设备的安全操作。

1. 开机前的安全准备

（1）正确穿戴好个人防护用品。操作人员必须按照安全要求穿戴，根据需要调整着装。如进行机械加工时，操作人员应佩戴工作帽；进行机床作业时，操作人员则不能戴手套。这是为了防止旋转的工件或刀具将头发或手套绞进去，造成人身伤害。

（2）机械设备状态的安全检查。进行机械类实验前，应空车运转设备，进行全面安全检查，在确认一切正常后才可进行实验操作。需要注意的是，实验室禁止机械设备带故障运行。

2. 机械设备工作时的安全规范

（1）正确使用机械安全装置。实验人员必须按照有关规定，正确使用仪器和设备上的安全装置，不得随意拆卸这些装置。如车床的安全保护器，必须将专用卡盘扳手插入后再开动车床，不得用其他物件替代使用。

（2）工件及工夹具的安装。在实验操作中，随时观察有紧固要求的物件，如正在加工的刀具、工夹具以及工件等物件是否因机械振动而出现松动。如果有物件出现松动的情况，应立即关机，重新调整，保证牢固可靠后再行开机。

（3）实验人员的安全要求。要严格执行设备使用登记制度，对设备的合理使用进行科学管理。每次使用设备前应当对设备的使用时间、实验人员及使用情况进行精确记录，以便及时、准确掌握设备的运行情况，正确分析设备的完好程度，保证实验过程的安全性。机械设备在运转时，禁止实验人员用手调整设备，进行各种测算、润滑或清扫杂物等工作。如果有必要进行上述操作，应先关机。在设备使用过程中，实验人员必须进行全程看管，发现问题及时处理，以免发生意外。

（4）其他安全事项。在使用设备之前应当对使用人员进行设备使用培训，其中特种设备的使用人员必须到专门机构进行特种设备使用培训并进行考核，取得上岗证后才可以对设备进行操作。

实验后，先关闭机械设备的电源开关，将工件和刀具从工作位置退出，与零件、工夹具等物件整齐摆放在合适的位置，对机械设备进行润滑处理，并打扫卫生、清理实验室。离开前，再次检查实验室电源和门窗状况，做到不留隐患。

（三）常见的安全装置

机械设备在设计时会根据其工作特点选择适合的安全装置。按照控制方式或作用原理，机械安全装置通常分为以下几种类型。

1. 固定安全装置

此类装置多用于防止操作人员接触设备的危险部件，应满足机械设备的运行环境和条件等方面要求，符合国家标准或行业规范。如与危险部件保持一定距离且牢固可靠，预留出足够的运转空间和进出口等。这种装置提供最高标准的安全保护。当机器正常运行不需要操作者进入危险区域时，应尽量使用固定安全装置。

2. 连锁安全装置

这种装置的工作原理是，在安全装置关闭之前，机械设备不会工作。只有当危险完全解除时，才可开启和使用。该装置的工作形式通常是机械、电气、液压、气动或组合等多种形式。

3. 自动安全装置

当实验人员的身体或者衣物误入危险区域时，自动安全装置可以令设备停止工作，确保实验人员的人身安全。如当有衣物靠近车床传动丝杠时，车床将自动停止。当实验人员的手部进入冲床区域时，自动安全装置检测到信号并立即启动，冲床自动停止工作。

4. 可调安全装置

在做不到对危险区域进行固定隔离（如固定的栅栏等）的情况下，可使用可调安全装置。这类装置要求较高，需要对操作人员进行培训，才能真正起到安全保护作用。

5. 双手控制安全装置

此类装置迫使操作人员要用双手同时操控，仅对操作人员而不能对其他非操作人员提供保护。双手控制安全装置的两个控制开关之间保持一定的距离，使得每一次操作只能完成一次工作。若需要再次运行，则双手要再次同时按下。

6. 跳闸安全装置

如果操作人员的行为接近危险点，机械设备会自动停止或反向运动，避免实验人员受到伤害。此类装置要求设备上安装敏感的跳闸系统，并可以做到迅速停止。

（三）附加预防措施

附加预防措施主要包括与紧急情况有关的措施和若干补充预防措施，以提高机械设备的操作安全。

1. 急停装置

为方便实验人员迅速关机，实现紧急避险，机械设备应配备若干个急停装置。当出现异常状况时，实验人员能够快速接近并完成手动操作。这样可以尽快控制危险因素，避免出现更大的危害。急停装置启动后应保持关闭状态，直至手动解除急停状态。急停后并不一定能解除危险，也不一定能止损，仅是一种能避免危害扩大化的紧急措施。急停装置应安装在明显的地方，以方便识别。

2. 避险和救援保护措施

在可能使操作人员陷入各种危险的设备上，应备有逃生通道和必要的屏障。当危险发生时，操作人员可以采取措施及时避险。机械设备应有断开电源的技术措施和释放剩余能量的措施，并保持断开状态，以及当机器停机后可用手动操作的办法来解除断开状态等基本功能。

3. 重型机械及其零部件的安全搬运措施

一些大型重型机械或零部件由于体积大、重量多，无法使用人力搬运。遇到这种情况，除了应在机械和零部件上标明重量外，还应装有适当的附件调运装置，如吊环、吊钩、螺钉孔以及方便叉车定位的导向槽等。

第四节　实验室安全事故应急预案

在安全评价的基础上，针对具体的设备、设施、场地和环境，制订合理的应急预案，以减少事故造成的人身、财产和环境等方面的损失。制订安全事故应急预案是实验室安全管理的重要组成部分。应急预案是对事故发生后的应急救援机构和人员、应急救援设备、设施、条件和环境等进行评估，事先制订出科学有效的计划、行动方案、事故发展的控制方法和程序等。

一、实验室安全事故应急处理原则

（一）人员的应急救援和疏散

坚持"以人为本、安全第一"的原则，把人民群众生命安全和身体健康放在第一位。抢救伤者是应急救援的首要目标。当事故发生后，应遵循及时、有效、有序以及最大限度降低伤害的原则，实施现场急救与安全转移伤者。对于其他现场人员，则应采取措施进行自身防护，组织现场人员有序撤离到安全区域，进行安全疏散。

（二）危险源与场地的控制

应急救援工作的宗旨是及时控制事故危险源，有效降低危险源的危害性。在保证人员生命安全的前提下，全力防止事故的扩大化，降低事故造成的损失。如切断实验室总电源，关闭燃气管道，关闭事故相关设备等，对事故产生的易燃易爆物质、有毒物质以及可能危害人和环境的物质，要及时采用科学方法清理现场，消除安全事故后果，减少损失，避免事故危害扩大化。

二、实验室安全事故应急预案

实验室安全事故应急预案是发生安全事故后，减少次生事故及损失的重要保障。为有效降低安全事故的危害，应该提前将实验室安全事故应急预案准备就绪。应急预案包括以下内容。

（一）制订应急响应内容

根据国家有关法律法规和实验室客观实际情况，建立应急处理机构，分级制订应急预案内容，保证应急预案能够及时有效地应急响应，切实可行。明确应急各方的责任和响应程序，准确、快速地控制事故的发展。

（二）做好风险分析

在对危险因素辨识、事故概率和隐患分析评价的基础上，确定实验室潜在的事故危险源，制定可能的事故处理原则、主要操作程序和要点，对突发事故进行应急指导。

（三）开展应急能力评估

开展应急人员、应急设施、应急物资、应急控制等应急能力评估，包括实验室门锁、水、电的开启或关闭，提高应急行动的速度和效果。实验室安全应急预案的建设，是实验室安全管理工作的重要内容之一。设计、制订具有全面、细致、反应迅速、措施得当的实验室安全应急预案，在实验室出现安全隐患或者事故发生时，能根据应急预案，迅速调动相关职能部门、工作人员采取处置措施，在最短时间内做好实验室安全事故的处置工作，力争在最大限度上减少人员及财产损失，将事故影响控制在最小范围内。

（四）应急模拟演练系统

如何强化重大事故应急演练机制，用开放式演练模式取代脚本式的绩效演练模式，积累应急演练经验，找出应急体系中存在的薄弱环节，是当前应急体系建设亟待解决的问题。应急模拟演练系统通过对各种灾害的数值模拟和对人类行为的数值模拟，模拟虚拟空间中灾害发生和发展的过程，可在演练过程中根据事故发生过程和变化情况快速做出反应，高度接近真实的应急处置过程。在此基础上，制订实验室数字化应急预案。应急模拟演练系统可用于培训各级决策指挥人员和事故处置人员，发现应急过程中存在的问题和设计缺陷。通过应急模拟演练系统，有效评估应急预案的合理性，检验应急措施的可操作性，提高指挥决策和协同配合能力，帮助演练人员掌握应急职责和程序任务，提升应急处置能力和应急管理水平。

第五节　实验室安全事故急救措施

一、玻璃划伤急救措施

在进行实验时，有时玻璃仪器会意外碎裂，导致实验人员被玻璃划伤。玻璃划伤是进行涉及玻璃仪器使用的实验过程中比较常见的物理伤害。如果只是一般的轻伤，可以迅速挤出污血，用消毒镊子除去玻璃碎片，然后用蒸馏水冲洗伤口，涂抹碘酒或红药水，用绷带或使用创可贴包扎；如果是大伤口（动脉损伤），要立即包扎伤口上部，用绷带扎紧，压迫动脉，迅速止血，并立即送往医院救治。

二、烧伤急救措施

在实验中，由于各种原因，实验人员可能会被明火烫伤烧伤。一旦出现烫伤烧伤，如果伤口上有衣服或棉袜，先用冷水冷却伤口，再小心地脱下附在伤口上的衣物，以免皮肤撕裂形成水泡，然后，用干净的吸水布处理伤口表面的水，并涂上消毒药品，最后用医用纱布或消毒药布进行包扎处理。包扎时要注意保持伤口处通气，这样可以抑制厌氧细菌（破伤风）的繁殖。

当烫伤或烧伤出现水泡时，用一根消毒针刺破水泡，让水泡中的组织液流出。如果水泡在处理前就破了，可以直接使用医用消毒棉球对伤口进行擦拭，保持干净，并涂上抗菌消炎膏，避免感染。保持伤口清洁干燥，避免水污染后感染。如果伤口处理两三天后疼痛状况仍然没有减轻，而且出现发炎加剧的征兆（红肿），要立即前往医院治疗，防止感染加重。

三、腐蚀品灼伤急救

化学腐蚀品对人体有腐蚀作用，容易引起化学灼伤。与一般火灾的烫伤烧伤不同，腐蚀品造成的灼伤刚开始并不会出现明显的疼痛感，很难发觉。但当发现伤口时，人体组织已经被灼伤。因此，对触及皮肤的腐蚀品，应及时采取急救措施。

（一）化学性皮肤灼伤

对于化学性皮肤灼伤，应立刻离开现场，迅速脱去受到污染的衣物等，并用大量清水冲洗创面 20 ～ 30min（强烈的化学品要更久）来稀释腐蚀品，防止机体继续受损以及腐蚀品通过伤口进入人体。创面不要随意涂抹油膏或红药水、紫药水，不可以用未经消毒的布料包裹。

硫酸、盐酸、硝酸都具有强烈的刺激性和腐蚀作用。硫酸灼伤的皮肤一般呈黑色，硝酸灼伤呈灰黄色，盐酸灼伤呈黄绿色。被酸灼伤后立即用大量流动的清水冲洗，冲洗时间一般不少于15min。彻底冲洗后，可用2% ～ 5%碳酸氢钠溶液、澄清石灰水、肥皂水等进行中和，切忌未经大量流水彻底冲洗，就用碱性药物在皮肤上直接中和，这会加重皮肤的损伤。处理以后创面治疗按灼伤处理原则进行。

碱灼伤皮肤时，应立即用大量清水冲洗至皂状物质消失为止，然后可用 1% ～ 2%醋酸或3% 硼酸溶液进一步冲洗。对Ⅱ度、Ⅲ度灼伤可用2% 醋酸湿敷后，再按一般灼伤进行创面处理和治疗。

（二）化学性眼灼伤

强酸溅入眼内时，立即就近用大量清水或生理盐水彻底冲洗。冲洗时应将头置于水龙头下，使冲洗后的水自伤眼的一侧流下，这样既避免水直冲眼球，又不会使带酸的冲洗液进入好眼。冲洗时应拉开上下眼睑，使酸不会留存眼内和下弯隆而形成无效腔。如无冲洗设备，可将面部浸入盛满清水的盆内，拉开上下眼睑，摆头的同时让眼球活动，达到洗涤酸液的目的。切忌惊慌或因疼痛而紧闭眼睛，冲洗时间应不少于15min。经上述处理后，立即送医院眼科进行治疗。

眼部碱灼伤的冲洗原则与眼部酸灼伤的冲洗原则相同。彻底冲洗后，可用2% ～ 3% 硼酸液做进一步冲洗。

对于化学性眼灼伤，要在现场迅速使用大量清水冲洗。冲洗时将眼皮掀开，彻底洗刷掉眼皮内的化学品残余。需要注意的是，如果是电石、生石灰等颗粒进入眼内，应先用过液状石蜡或植物油的棉签去除颗粒后，才能用清水冲洗。

（三）常见几种腐蚀品触及皮肤时的急救方法

（1）硫酸、发烟硫酸、硝酸、发烟硝酸、氢氧化钠、氢氧化钾、氢化钙、氢碘酸、氢溴酸、氯磺酸、氢氟酸等触及皮肤时，应立即用水冲洗。如果皮肤已经被腐蚀，出现溃烂，应用水冲洗20min 以上，再送医救治。

其中，氢氟酸对皮肤有强烈的腐蚀性，渗透作用强，对组织蛋白有脱水及溶解作用。如果皮肤及衣物被腐蚀，先立即脱去被污染衣物，皮肤用大量流动的清水彻底冲洗，继用肥皂水或 2% ~ 5% 碳酸氢钠溶液冲洗，再用葡萄糖酸钙软膏涂敷按摩，然后再涂以 33% 氧化镁甘油糊剂、维生素 AD 软膏或可的松软膏等。

（2）皮肤被黄磷灼伤时，及时脱去污染的衣物，并立即用清水（由五氧化二磷、五硫化磷、五氯化磷引起的灼伤禁用水洗）或 5% 硫酸铜溶液或 3% 过氧化氢溶液冲洗，再用 5% 碳酸氢钠溶液冲洗，中和所形成的磷酸。然后用 1 ：5000 高锰酸钾溶液湿敷，或用 2% 硫酸铜溶液湿敷，以使皮肤上残存的黄磷颗粒形成磷化铜。需要注意的是，黄磷灼伤创面可用湿毛巾包裹，禁用含油质敷料，否则会造成磷中毒。

（3）盐酸、磷酸、偏磷酸、焦磷酸、乙酸、乙酸酐、氨水、次磷酸、氟硅酸、亚磷酸等触及皮肤时，立即用清水冲洗。

酚与皮肤发生接触时，应立即脱去被污染的衣物，使用 10% 酒精反复擦拭，再用大量清水冲洗，直至无酚味为止，然后用饱和硫酸钠湿敷。灼伤面积大，且酚在皮肤表面滞留时间较长者，应注意是否存在吸入中毒的问题。

（4）无水三氯化铝、无水三溴化铝等触及皮肤时，可先干拭，之后用大量清水冲洗。

（5）甲醛触及皮肤时，可先用水冲洗，再用酒精擦洗，最后涂擦甘油。

（6）碘触及皮肤时，可用淀粉（米饭也可以）涂擦。

四、危险化学品急性中毒急救

若有人因沾染皮肤中毒，应迅速脱去受污染的衣物，并用大量流动的清水冲洗至少 15 分钟。面部受到毒素伤害时，要先注意对眼睛部位进行冲洗。若有人发生吸入中毒，应立即离开中毒现场，转移到上风方向，安置在空气新鲜处，松开衣领保持呼吸畅通。如呼吸困难，应供给输氧（如有适当的解毒剂应立即使用），必要时进行人工呼吸，尽快就医。若为口服中毒，有毒物为非腐蚀性物质时，可用催吐的方法使其将有毒物吐出来。误服强酸、强碱等腐蚀性物品时，催吐可能会导致消化道黏膜、咽喉受到二次灼伤。这时可服用牛奶、蛋清、豆浆、淀粉糊等。此时既不能洗胃，也不能服用碳酸氢钠，因为反应会产生大量气体，引起胃穿孔。

现场如发现中毒者出现心跳、呼吸骤停症状，应立刻实施人工呼吸和胸外心脏按压，使其维持呼吸循环。对于脱掉潮湿衣物的伤者，要利用一切可以利用的工具，如电热毯、热水袋、热水瓶、棉被或救援人员的衣物，帮助伤者保暖，维持体温恒定。

在现场紧急处理后，要立刻将伤者送到医院接受专业治疗。护送伤者时，应保持伤者呼吸顺畅，在护送途中，多关注伤者的身体状况，随时准备急救；护送途中要注意车厢内通风，以防伤者身上残余毒素挥发造成更大的破坏。

五、触电急救

触电急救要迅速，不能拖延时间，应立即就地进行抢救，并坚持不断地进行，不能轻易放弃救治。同时，应尽快与医疗部门取得联系，获得医务人员专业救治帮助。

（一）抢救原则

（1）若触电者未失去知觉，或只是一度昏迷后恢复知觉，应继续保持安静，观察 2 ~ 3h，并请医生治疗。尤其是对触电时间较长者，必须注意观察，以防意外。

（2）要有信心可以救活触电者。由于触电者大部分是处于休克状态中，只要抢救及时、得法，其中大部分人可以救活。

（3）要一直坚持抢救，直到触电者苏醒，或以医生判断临床死亡为止。

（4）急救动作要快速有效，救治办法要科学正确。

（二）抢救方法

1. 脱离电源

触电急救的第一步是使触电者迅速脱离电源，因为电流对人体的作用时间越长，对生命的威胁越大。

（1）脱离低压电源的方法

脱离低压电源可用"拉""切""挑""拽""垫"五字来概括。

拉，指的是就近拉断电源开关。但应注意，普通的电灯开关只能断开一根导线，有时由于安装不符合标准，可能只断开零线，而不能断开电源，人身触及的导线仍然带电，这时不能认为已切断电源。

切，指的是用专用工具切断导线。当电源开关距触电现场较远或断开电源有困难时，可用带有绝缘柄的工具切断导线。切断导线时，应防止带电导线断落触及其他人，造成次生灾害。

挑，指的是用绝缘材料工具挑开导线。当导线搭落在触电者身上或压在身下时，可用干燥的木棒、竹竿等挑开导线，或用干燥的绝缘绳套拉导线或触电者，使触电者脱离电源。

拽，指的是救援人员可戴上手套或在手上包缠干燥的衣物等绝缘物品拖拽触电者，使之脱离电源。如果触电者的衣物是干燥的，又没有紧缠在身上，不至于使救援人员直接触及触电者的身体时，救援人员才可用一只手抓住触电者的衣物，将其拉开脱离电源。

垫，指的是在触电者身下垫上绝缘材料。如果触电者由于痉挛，手指紧握导线，或导线缠在身上，可先用干燥的木板塞进触电者的身下，使其与地绝缘，然后再采取其他办法切断电源。

（2）脱离高压电源的方法

由于电源的电压等级高，高压电源开关往往距离现场很远，难以及时拉闸。因此，使触电者脱离高压电源的方法不同于脱离低压电源的方法。

发现人员触电后，立即电话通知有关部门拉闸停电。如果电源开关离触电现场不太远，可戴上绝缘手套，穿上绝缘鞋，使用相应电压等级的绝缘工具拉开高压跌落式熔断器或高压断路器。抛掷裸金属软导线，使线路短路，迫使继电保护装置动作，切断电源，但应保证抛掷的导线不触及触电者和其他人。当进行触电急救时，要记住触电者从电线上接触了电流并从他本身通过电流，他自己就是一个导体，直接接触与触电一样危险。

2. 救护工作

现场救护触电者脱离电源后，应立即将其就近移至干燥通风处，再根据情况迅速进行现场救护，同时应通知医务人员到达现场。

（1）现场救护办法

触电者身体情况不严重。如触电者只是有些心慌、四肢发麻无力，但神志清醒；一度昏迷，但未失去知觉。可让触电者静卧休息，留人观察，同时联系医院救治。

如果病人失去知觉，心脏仍在跳动，有呼吸，应使其舒适、安静地平卧，周围的人不要观看，保持空气流动通畅，解开衣服方便呼吸，还可给他闻氨水的味道，搓全身使其发热，同时注意保温。

若发现触电者呼吸困难，出现抽筋现象，有呼吸衰竭倾向，应在其心脏停搏或呼吸停止时，开展人工呼吸或进行体外心脏按压，进行急救。

触电者受伤严重已经濒危。触电者心脏停止跳动，呼吸停止，瞳孔放大，神志不清，应立即用心肺复苏术（通畅气道、人工呼吸、胸外心脏按压）进行全力抢救。

若触电者带有外部出血性外伤时，应及时包扎止血，并简单消毒处理伤口，立即送医急救。

（2）注意事项

救援人员应在确认触电者已与电源隔离到一定安全范围以外，同时救援人员本身所涉环境内无触电危险时，才可以与伤员接触，进行抢救。

抢救中，不能随意移动伤员，这样可能会加重伤情。若有必要移动时，要让伤员在担架上保持平躺姿态，背部垫上阔木板固定，防止其身体螺曲，同时继续救治。

在医务人员未接替抢救前，现场救援人员不能停止抢救。任何药物都不能代替人工呼吸和胸外心脏按压，药物的吸收需要时间，但在抢救过程中最缺的也是时间，对触电者是否用药或注射针剂，应由经验丰富的医务人员确定诊断后来决定。

在抢救过程中，要每隔数分钟再判定一次，每次判定时间均不得超过七秒。做人工呼吸要有耐心，尽可能坚持抢救四小时以上。坚持抢救，不能放弃，只有具有职业资格的医生才有权做出伤员死亡的诊断。如需送医院抢救，在途中也不能中断急救措施。

第三章　实验室危险化学品

第一节　危险化学品及其危害

一、危险化学品的基本概念

化学品包括各种化学元素、由元素组成的化合物及其混合物。化学品的种类繁多，归纳起来有纯净物和混合物两大类。纯净物又包括单质、化合物两类，其中单质有金属、非金属和惰性气体三类；化合物则有无机化合物、有机化合物之分。无机化合物含有酸、碱、盐及氧化物，有机化合物包括烃类物质和烃的衍生物。其中，烃类物质又有饱和链烷烃、不饱和链烃（烯烃和炔烃、环烷烃、芳香烃）；烃的衍生物包括卤代烷、羟基化合物（醇、酚等）、羰基化合物（醛、酮等）、羧基化合物（有机酸）、酯、硝基化合物、胺、醚、糖类、蛋白质类、含金属或非金属元素的有机物。

化学品因其组成和结构不同而性质各异，其中有些具有易燃易爆、有毒有害及腐蚀特性，会引起人身伤亡、财产损毁或对环境造成污染的化学品称为危险化学品。目前，人类已经发现的危险化学品有 6000 多种，其中最常用的有 2000 多种。为便于在生产、使用、储存、运输及装卸等过程中的安全管理，我国按照危险化学品的主要危险性对其进行分类。同一类危险化学品具有该类的危险性，但有的还同时具有其他危险性。例如，甲醇很容易燃烧，毒性也很强，误服 25mL 即能致人死亡，但它的主要危险性是易燃，故划为易燃液体类。又如，氯气毒性很大，同时具有强氧化性和腐蚀性，但氯气经压缩储存在气瓶中，所以归于气体一类。

二、危险化学品的危害

危险化学品由于具有危险、危害特性，一旦发生事故会造成很大的危害后果，归纳起来主要有以下三个方面。

（一）火灾爆炸危害性

绝大多数危险化学品都具有易燃易爆危险特性，无机氧化剂本身不燃，但接触可燃物质很易燃烧，有机氧化剂自身就可发生燃烧爆炸，有些腐蚀品和毒害品也有易燃易爆危险。又因生产或使用过程中，往往处于高温、高压或低温、低压的环境，因此，在生产、使用、储存、经营及运输、装卸等过程中，若控制不当或管理不善，很容易引起火灾、爆炸事故，从而造成严重的破坏后果。

（二）毒害性

危险化学品中有相当一部分具有毒害性，在一定条件下人体接触能对健康带来危害，甚至导致伤亡，而且有数百种危险化学品具有致癌性，如苯、砷化氢、环氧乙烷等，已被国际癌症研究中心（IARC）确认为人类致癌物。

（三）环境污染性

绝大多数危险化学品一旦泄漏出来，会对环境造成严重的污染（如对水、大气层、空气、土壤的污染），进而影响人的健康。

第二节　危险化学品类别

目前，危险化学品中常见且用途较广的约有数千种，其性质各不相同，每一种危险化学品往往具有多种危险性，如二硝基苯酚，既有爆炸性、易燃性，又有毒害性；一氧化碳，既有易燃性又有毒害性。但是在多种危险性中，必有一种对人类危害最大的危险性。因此，在对危险化学品进行分类时，采用了"择重归类"的原则，即根据该化学品的主要危险性来进行分类。

国家质量技术监督局于 2005 年发布国家标准《危险货物分类和品名编号》（GB 6499—2005）、《危险货物品名表》（GB 12268—2005），根据货物运输时的危险性将危险货物分为 9 类，并规定了危险货物的品名和编号。

第1类，爆炸品；

第2类，压缩气体和液化气体；

第3类，易燃液体；

第4类，易燃固体、自燃物品和遇湿易燃物品；

第5类，氧化剂和有机过氧化物；

第6类，毒害品和感染物品；

第7类，放射性物品；

第8类，腐蚀品；

第9类，杂类。

国家质量技术监督局于1992年发布了国家标准《常用危险性化学品的分类及标志》（GB 13690—1992），将危险性化学物质分为8类。与2005年的国家标准相比，1992年国家标准中的第6类为毒害品，且没有第9类。

一、爆炸品

爆炸品是指在外界作用下（如受热、撞击等）能发生剧烈的化学反应，瞬时产生大量的气体和热量，使周围压力急剧上升发生爆炸，对周围环境造成破坏的物品，也包括无整体爆炸危险，但具有燃烧、抛射及较小爆炸危险，或仅产生热、光、音响或烟雾等一种或几种作用的烟火物品。不包括与空气混合才能形成爆炸性的气体、蒸气和粉尘的物质。

爆炸品实际是炸药、爆炸性药品及其制品的总称。炸药又包括起爆药、猛炸药、火药、烟火药四种。因为"爆炸"是爆炸品的首要危险性，所以区别是否是爆炸品，只能依据能够描述其爆炸性的指标为标准。衡量爆炸品爆炸危险性的指标主要有爆速、每千克炸药爆炸后的气体量和敏感度等方面。从储存、运输和使用的角度看，敏感度极为重要；而敏感度又和爆炸物基团、温度、杂质、结晶、密度以及包装的好坏有关，故以热感度、撞击感度和爆速的大小作为衡量是否属于爆炸品的标准，即热感度试验爆发点在350℃以下，撞击感度试验爆炸率在2%以上，或爆速在3000m/s以上的物质和物品为爆炸品。

（一）爆炸品的分类

爆炸品按其危险性分为六类。

（1）具有整体爆炸危险的物质和物品，爆炸在瞬间可传遍整个包装。如硝基重氮酚、叠氮铅、斯蒂芬酸铅、重氮二硝基酚、四氮烯、雷汞、雷银等起爆药;梯恩梯、黑索金、奥克托金、季戊四醇四硝酸酯、苦味酸、硝化甘油、三硝基间苯二酚、硝铵炸药等猛炸药;浆状火药、无烟火药、硝化棉、硝化淀粉、闪光弹药等火药;黑火药及其制品,爆破用的电雷管、非电雷管、弹药用雷管等火工品均属此项。

（2）具有抛射危险,但无整体爆炸危险的物质和物品。如有炸药或抛射性的火箭及其弹头,装有炸药的炸弹、弹丸、穿甲弹,靠水活化的爆炸管、抛射药或发射药的照明弹、催泪弹、毒气弹、烟幕弹、燃烧弹以及民用炸药装药、民用火箭等。

（3）有燃烧危险并有局部爆炸危险或局部抛射危险或两者兼有,但无整体爆炸危险的物质和物品。如导火索、点火引信、二硝基苯、含乙醇25%的增塑剂、礼花弹等。

（4）无重大爆炸危险的物质和物品。指爆炸危险性较小,万一被点燃或引爆,其危险作用大部分局限在包装件内部。如导火索、烟花、爆竹、手持信号器、电缆爆炸切割器等。

（5）有整体爆炸危险的非常不敏感物质。指爆炸性质比较稳定,在燃烧试验中不会爆炸的物质。如B、E型爆破用炸药、铵油炸药、铵松蜡炸药等。

（6）无整体爆炸危险的极不敏感物品。指爆炸危险性仅限于单个物品爆炸的物品。

（二）爆炸品的特性

爆炸品本身通常含有氧,在热、撞击、摩擦、震动等外界条件刺激下,极易发生瞬间化学反应,放出大量热量和气体,产生强破坏力。其破坏程度与其质量和特性密切相关。

爆炸品在储存和运输过程中,特别是在撒漏时,要防止沙粒、石子、尘土混入,避免与酸、碱接触。对于能受金属激发的炸药,应禁止用金属容器盛装,也不得用金属工具进行作业。同时,尽最大可能避免外界因素——火种、热源、阳光直射、震动和撞击的影响。

（三）常见爆炸性危险品

1. 苦味酸（危险品编号：11057）

学名为2,4,6-三硝基苯酚,分子式为（NO2）3C6H2OH,相对分子质量为229.11,熔点122℃,爆热4396.14kJ/kg,爆温3570K。苦味酸为无臭、有毒、味苦的黄色块状或针状结晶。热至32℃（或遇重大撞击时）能发生剧烈爆炸。它与金属（除锡外）或金属氧化物作用,可生成极敏感的盐类（特别是当有水分时,更容易成盐），遇摩擦、震动都能发生剧烈爆炸（其中苦味酸铁、苦味酸铅敏感度最大）。苦味酸燃烧后生成有刺激性和毒性的一氧化碳和二氧化氮等气体，其爆炸性比 TNT 强 5%～10%。

2. 梯恩梯（TNT，危险品编号：11035）

梯恩梯又名褐色炸药，学名是 2，4，6- 三硝基甲苯，分子式为 $C_6H_2(NO_2)_3 \cdot CH_3$，相对分子质量为 227.10。梯恩梯在 0～35℃很脆，在 35～40℃时有可塑性，在 50℃以上时能塑制成型，吸湿性很小，一般约为 0.05%。它的安定性能好，机械感度较低，生产使用安全，便于长期储存和长途运输。因此，其在军事上被广泛使用，多用于装填各种炮弹及各种爆破器材，也常与其他炸药混合制成多种混合炸药。其在国民经济建设上多用于采矿、筑路、疏通河道等。

梯恩梯的爆炸威力很强，与铅、铁、铝等金属作用的生成物受热易燃烧，当温度达 90℃时，这些生成物受冲击、摩擦时很容易发生爆炸。通常将其装于内衬不少于 4 层纸袋（其中沥青纸不少于 1 层）的麻袋或木箱中密封保存。每一包装件净重不超过 48kg（木箱包装时净重不超过 45kg），且外包装应有明显的爆炸品标志及注意事项。本品着火时主要用水扑救，不能采取沙土等物覆盖。

3. 雷汞（危险品编号：11025）

雷汞又名白药、雷酸汞，分子式为 $Hg(OCN)_2$，相对分子质量为 284.62，爆燃点 165℃，爆速 5400m/s，爆温 4810℃，爆热 486.31kJ/kg，生成热 958.78kJ/kg，爆轰气体体积 304L/kg，撞击感度 0.1～0.2kg·m。雷汞是将汞与硝酸作用制得硝酸汞 $[Hg(NO_3)_2]$ 后，再与乙醇发生作用而制得的。精品为白色有光泽的针状结晶体，粗品为灰色至暗褐色的晶体或粉末，主要用于制造雷管。雷汞有毒，能溶于温水、乙醇及氨水中，不溶于冷水。雷汞极易爆炸，在干燥状态时，即使是极轻的摩擦、冲击也会引起爆炸。

雷汞与铜作用可生成碱性雷汞铜，具有更大的敏感度，遇盐酸或硝酸能分解，遇硫酸则爆炸。

4. 硝化甘油（危险品编号：11033）

硝化甘油又名甘油三硝基酸酯，分子式 $(C_3H_5ONO_2)_3$。硝化甘油为淡黄色稠厚液体，几乎不溶于水，有毒；凝固点：安定型为 13.2℃，不安定型为 2.8℃。硝化甘油是将甘油滴入冷却的浓硝酸和浓硫酸的混酸中反应制备的。当硝化甘油完全冻结成安定型后，其敏感度降低。但若处于半冻结（或半熔化）状态时，其敏感度极高。原因是此时已经冻结的部分针状结晶，会像带尖刺的杂质一样，令其敏感度上升。

5. 硝铵炸药（危险品编号：11084）

硝铵炸药又名阿莫特、铵梯炸药，是硝酸铵与 TNT 等猛烈炸药的混合物，其机械敏感度大于 TNT，主要成分按作用可分为氧化剂（主要为硝酸铵 NH4NO3，国产硝铵炸药的硝酸铵的含量一般在 60% ~ 90%）、可燃剂（TNT 等烈性炸药，可在一定程度上提高炸药的敏感度，增加爆炸威力）、消焰剂（食盐等，可防止矿井中可燃性气体或可燃粉尘的爆炸）、防潮剂（主要为石蜡等物质，目的是防止炸药的吸潮结块）。

硝铵炸药按其用途的不同，上述各物质的含量也不同，通常又把含有梯恩梯的炸药叫铵梯炸药；含有沥青、石蜡等的硝铵炸药叫铵沥蜡炸药；含有轻柴油的硝铵炸药叫铵油炸药。

硝铵炸药在工业炸药中虽然是一种比较稳定的炸药，但在受到强烈的撞击、摩擦时仍能发生爆炸。在空气中，少量的硝铵炸药遇火虽然燃烧而不爆炸，但在量大或在密闭的条件下，硝铵炸药遇火则会猛烈爆炸。因此，在装卸搬运作业时仍要注意轻拿轻放，远离热源、火源。注意，绝对不能低估硝铵炸药的爆炸危险性。硝铵炸药含有易吸潮的硝酸铵与食盐，会在包装破损后从空气中吸收水分而潮。受潮后，硝铵炸药的威力会降低，而且易造成瞎炮，在使用中易造成事故。故硝铵炸药的储运过程中，必须注意包装完好，防止受潮。

6. 烟花爆竹

烟花爆竹是指以烟火药为原料，经过工艺制作，在燃放时能够生成特种效果的产品。烟花是指燃放时能够形成色彩、图案，产生音响和运动等以视觉效果为主的产品。

烟花爆竹内部装填的药物统称为烟火剂。烟花爆竹燃放时所产生的声、光、烟各种运动效果等都是靠烟火剂着火、爆炸现象和所产生的气体来实现的。烟火剂机械混合物，其成分主要是氧化剂、可燃物和黏合剂等。

（1）氧化剂。起氧化性作用。烟火剂中常用的氧化剂主要有硝酸（KNO3）、硝酸钠（NaNO3）、硝酸钡 [Ba(NO3)2]、硝酸锶 [Sr(NO3)2] 等硝酸盐类；酸钾（KClO3）等氯酸盐类和高氯酸钾（KClO4）等高氯酸盐类化工原料。

（2）可燃物。其主要是为烟火剂提供燃烧时所需的还原剂。还原性越强的燃物其反应性越强，反应速度越快，发热量越大。烟火剂中高发热量的可燃物常见的有铝粉（Al）、镁粉（Mg）、铝镁合金等金属粉末；低发热量的可燃物主要有木炭（C）、煤粉、硫黄（S）、赤磷（P）、硫化锑（Sb2S3）、雄黄（AsS）、雌黄（As2S3）、松节油、煤油、维素（锯木屑）等几种。

（3）有色发光剂。由发光化合物中金属元素在燃烧的高温激发下，辐射出的不同波长的电磁波产生色彩的物质。有色发光剂的种类很多，烟火药组成中的有色发光剂主要有硝酸钡 [Ba(NO3)2]、氯酸钡 [Ba(ClO3)2] 等着绿色的光物质，硝酸锶 [Sr(NO3)2]、碳酸锶（SrCO3）等着红色光的物质，碱式碳酸铜 [CuCO3·Cu(OH)2] 等着蓝色光的物质，草酸钠（Na2C2O4）、碳酸氢钠（NaHCO3）等着黄色光的物质。

（4）黏合剂。其主要作用是保证药物本身有一定的黏度，能够压制成一定强度和密度的颗粒，从而达到良好的燃放效果。常用的黏合剂主要有：酚醛树脂、淀粉、聚乙烯醇、松香以及树脂酸盐、沥青、乳糖、糊精等。

（5）啸声剂。也称笛音剂或叫声药，指燃烧速度较快，能够分解产生大量高压气体、瞬间冲破壳体而发出声响的药剂。通常采用黑火药，有的为了提高响度和伴有闪光效果，还在药剂中添加铝、镁等金属粉。常见的啸声剂主要有苯甲酸钾、水杨酸钠、邻苯二甲酸二氢钾等。

（6）烟雾剂。烟和雾分别是指悬浮在空气中的固体微粒和液体微粒，这些微粒的直径一般为 1 ~ 100μm。烟火药中的烟雾剂主要有萘、氯化铵、蒽、四氯化碳、六氯乙烷和硅藻土等。有颜色的烟雾是靠偶氮染料、盐基染料等升华而形成的。

（7）穗花。穗花是指由大颗粒金属或炭粒燃烧而形成的显示麦穗、谷穗等效果的造型。其中，铝渣能形成白色穗花，铁粉能产生钢花，炭粉能产生金色穗花等。

烟火的反应机理比较复杂，其反应过程与成分、配比、物理状态、反应条件、装药密度等因素有关。如黑火药主要由硝酸钾（75%）、硫黄（10.3%）、木炭（14.7%）组成。

（四）爆炸品的管理

由于爆炸品在爆炸的瞬间能释放出巨大的能量，使周围的人、畜及建筑物受到极大伤害和破坏，因此，对爆炸品的储存和运输管理必须高度重视，严格要求。

（1）爆炸品仓库必须选择在人烟稀少的空旷地带，与周围的居民住宅及工厂企业等建筑必须有一定的安全距离。库房应为单层建筑，周围必须装设避雷针；要阴凉通风，远离火种、热源，防止阳光直射，一般库温控制在 15% ~ 30% 为宜（硝化甘油库房最低温度不得低于 15℃，以防止凝固），相对湿度一般控制在 65%；库房内部的照明应采用防爆灯具，开关应设在库房外面。储存期限应掌握先进先出的原则，防止变质失效。

加强仓库检查和管理，每天至少进行两次，查看仓库温度、湿度是否正常，产品包装是否完整。若发现仓库内有异味、烟雾等异常应立即处理。严防猫、鼠等小动物进入库房；仓库要严格贯彻"五双管理制度"，即双人验收、双人保管、双人发货、双本账、双把锁。

（2）堆放各种爆炸品时，要求做到牢固、稳妥、整齐、防止倒垛、便于搬运。为有利于通风、防潮、降温，爆炸品的包装箱不宜直接放置在地面上，最好在其下铺垫高 20cm 左右的木板，绝不能用受撞击、摩擦容易产生火花的石块、水泥块或钢材等铺垫。此外，包装箱的堆垛高度、宽度、长度，垛与垛之间的间距、墙距、柱距、顶距等均需慎重考虑，不得超量储藏。

（3）不得与还原剂、自燃物品、酸、碱、盐等禁忌品混储混运；点火器材、起爆器材不得与炸药、爆炸性药品以及发射药、烟火等其他爆炸品混储混运。

（4）运输搬运爆炸品时，必须轻装轻卸，严禁摔、滚、翻、抛以及拖、拉、摩擦、撞击，以防引起爆炸。工作人员不准穿带铁钉的鞋和携带打火机等易产生火花的物品和易燃品进入装卸现场，严禁烟火。

（5）烟花爆竹的居民燃放管理。根据烟花爆竹安全管理的规定，省辖市市区内、省辖市市区以外的繁华街道、车站、码头、机场、商店、集贸市场、立交桥、影剧院、公园、体育场馆、名胜古迹、旅游景点；国家机关、医院、疗养院、学校、科研单位、图书馆、档案馆、博物馆；生产、储存易燃易爆危险物品的工厂、仓库及电力、通信线路附近禁止燃放烟花爆竹，具体区域由当地市人民政府规定；县（市）人民政府所在的城镇应当采取措施，逐步限制或者禁止燃放烟花爆竹。

二、压缩气体和液化气体

压缩气体和液化气体是指压缩、液化或加压溶解的气体，并应符合下述两种情况之一者。

（1）温度低于 50℃或在 50℃时，其蒸气压大于 300kPa 的压缩气体或液化气体；

（2）温度在 20℃时，在包装容器内完全处于气态的物质。

列入危险品管理的包装气体主要包括压缩气体、液化气体、冷冻液化气体和溶解气体四种。在压缩气体或液化气体中，约有 54.1% 是可燃气体，有 61% 的气体具有火灾危险。

当本类物品受热、撞击或强烈震动时，其容器内压会急剧增大，导致容器破裂爆炸或气瓶阀门松动漏气，酿成火灾或中毒事故。可燃气体的主要危险性是易燃易爆性，所有处于爆炸极限范围之内的可燃气体，遇火源都有可能发生着火或爆炸，有的甚至遇到极小能量的火源作用即可引爆。

（一）压缩气体和液化气体的分类

根据压缩气体和液化气体的性质可将其分为四类。

（1）有毒气体。指半数致死浓度 LC50 < 5000mL/m3 的气体。此类气体毒性大，吸入后可引起人体中毒甚至死亡，有些还能燃烧。主要有氯气、氟气、一甲胺、硫化氢、光气、氨气、磷化氢、煤气、溴甲烷、氰化氢等。

（2）易燃气体。由简单分子组成的还原性气体，与空气混合物的爆炸下限 ≤ 13%（体积），此类气体极易燃烧，燃速快，扩散性强，有些还有毒性。主要有氢气（爆炸极限 3% ~ 75%）、一氧化碳（爆炸极限 12.5% ~ 74%）、甲烷（爆炸极限 5% ~ 15%）等碳原子在 5 以下的烷烃和烯烃、乙炔、石油气等。

（3）助燃气体。本身不燃烧，但能促进其他可燃物燃烧，如氧气、压缩空气、一氧化二氮等。

（4）不燃、无毒气体。主要有氮气、二氧化碳、氖等。

（二）爆炸极限

爆炸极限也称燃烧极限，是可燃气体或蒸汽与空气的混合物受火源作用时，发生爆炸或燃烧的浓度范围。爆炸极限用可燃气体或蒸汽在混合物中的体积百分数表示，有时也可用单位体积中可燃气体的质量表示。

可燃气体或蒸汽与空气的混合物，并不是在任何混合比例下都可以燃烧或爆炸的，而且燃烧的速率也随混合物的组成而变。实验表明，可燃物在空气中的含量接近其完全燃烧时的理论量时，燃烧最快、最剧烈；若浓度减少或增加，燃烧速率都会降低。可燃气体或蒸汽与空气的混合物能使火焰蔓延的最低浓度称为爆炸下限；相反，能使火焰蔓延的最高浓度称为爆炸上限。但要注意，浓度在爆炸上限以上的混合气体是不安全的，此时如果补充空气，仍有发生火灾和爆炸的危险。

（三）压缩气体和液化气体的储存要求

（1）仓库应通风、避开阳光、远离火源，周围无可燃材料。

（2）钢瓶入库要严格验收，定期检查钢瓶的安全性。

（3）不同钢瓶分库储存。

（4）装运钢瓶时要轻装轻卸，严禁不按规程作业。

（5）防静电、防泄漏，运输时钢瓶阀门要拧紧，并为其戴好安全帽。

（6）特别注意氧气瓶和乙炔瓶的特殊性。

三、易燃液体

易燃液体是指易燃的液体、液体混合物或含有固体物质的液体，其闭杯试验闪点≤61℃时，能够放出易燃蒸气的液体、液体混合物或含有处于悬浮状态的固体混合物的液体（如汽油、柴油、苯、乙醇等）；或液体的闪点＞61℃，但运输温度大于等于液体的闪点和液体在加温条件下运输时会放出易燃蒸气的液体，还有退敏爆炸品液体等。

液体的闪点是火险的标志。美国洲际商会把闪点≤27℃的液体列为高火险液体。选择27℃是因为这个温度代表通常或室温的上限，任何液体在此温度以下的燃烧都是危险的。闪点在27℃～77℃的表示其为中度火险液体，闪点在77℃以上的表示其为轻微火险液体。

（一）易燃液体分类

为了便于管理和在生产、储存、运输过程中采取有效的安全措施，易燃液体按其闪点和沸点的高低可分为以下三类。

（1）低闪点液体。指闭杯试验闪点≤-18℃或初沸点小于35℃的液体，如汽油、低分子量烃、丙酮、乙醚、乙醛、二硫化碳等。

（2）中闪点液体。指闪点在-18℃～23℃或初沸点大于35℃的液体或液体混合物，如低分子量醇、高度白酒、酮、苯类、醚、呋喃、甲胺、原油等。

（3）高闪点液体。是指闭杯试验闪点在23℃～61℃或初沸点大于35℃的液体，如高分子量烷烃和醇、柴油、煤油、油墨、二氯苯、医用碘酒、松节油、刹车油等。

（二）易燃液体的特性

1. 易燃易爆性

易燃液体大多都是蒸发热（或汽化热）较小的液体，沸点低，极易挥发出易燃蒸气。当其挥发出的易燃蒸气与空气混合达到爆炸极限时，遇明火就会爆炸。

易燃液体的挥发性越强，其爆炸危险性越大。一般来说，相对分子质量越小，闪点越低，燃烧范围越大，着火的危险性也就越大；烃的含氧衍生物燃烧的难易程度一般是醚＞醛＞酮＞酯＞醇＞酸；非同系物中，在芳香烃的衍生物中，液体火灾危险性的大小取决于取代基的性质和数量。甲基、氯基、羟基和氨基等取代时，取代基的数量越多，其着火爆炸的危险性越小；硝基取代时，取代基的数量越多，则着火爆炸的危险性越大；异构体比正构体的着火危险性大，受热自燃的危险性则小；

挥发性大的有机液体比挥发性小的有机液体的着火危险性大。另外，易燃液体的燃爆性与环境温度、自身密度、暴露程度、流动性、蒸气压和流速等因素有关。

2. 膨胀性

易燃液体受热后易膨胀，同时其蒸气压力也随之增大。若将之贮存于密闭容器中，如果其膨胀压力超过容器本身所能承受的极限压力，就会造成容器的膨胀爆裂。夏季盛装易燃液体的铁桶，如果在阳光下暴晒受热，常常会出现鼓桶或爆裂的现象，这就是由于受热膨胀的缘故。所以，盛装易燃液体的容器至少要留有 5% 的空隙；夏季要储存于阴凉处，必要时喷淋冷水降温。

3. 流动性和带电性

易燃液体大部分黏度较小，易流动，一旦着火，很容易造成火势蔓延。另外，除醇类、醛类、酮类可以与水相溶外，大多数易燃液体是不溶于水的。所以，一旦发生火灾时，要设法堵截流散的液体，防止火势扩大蔓延，并且要正确地选用灭火剂。大部分易燃液体如醚类、酮类、脂类、芳香烃、石油及其产品、二硫化碳等，都是电的不良导体，其在管道、贮罐、槽车、油船的灌注、输送、喷溅和流动过程中，经常由于摩擦而产生静电。当静电荷积聚到一定程度时，就会放电而产生火花，有燃烧和爆炸的危险。所以，在液体装卸、储运过程中一定要设法导除静电，并采用相应的防范措施。

4. 毒害性

易燃液体大部分都有毒害性，有的还有麻醉性、刺激性和腐蚀性。所以，在注重其易燃易爆性的同时，也要注意灼伤和中毒。

（三）易燃液体的储存和运输要求

（1）控制仓库温度，远离火种、热源和氧化剂，温度高时采取降温措施。

（2）专库专储，不得与其他危险品混放。

（3）防静电：运输、泵送、灌装时要有良好的接地装置，防止静电积聚。防撞击：装卸和搬运过程中要轻拿轻放，严禁滚动、摩擦、拖拉等危及安全的操作。

（4）严禁用木船或木底货车运输。

（5）禁止使用易产生火花的铁制工具。

四、易燃固体、自燃物品和遇湿易燃物品

（一）易燃固体

易燃固体指燃点低，对热、撞击、摩擦敏感，易被外部火源点燃，燃烧迅速，并可能散发出有毒烟雾或有毒气体的固体，但不包括已列入爆炸品的物质。

易燃固体的燃烧危险性主要与以下五点理化性质有关。

1. 熔点

绝大部分可燃物质，其燃烧都是在蒸气和气体的状态下进行的。因此，熔点低的固体物质容易蒸发和汽化，一般燃点较低，燃烧速度快。如最常见的钾、钠、白磷、萘、樟脑、石蜡、硫黄、联苯等，它们的熔点分别为 62.58℃、97.7℃、44.2℃、80.2℃、170℃、38℃~60℃、112.8℃、69℃。

2. 燃点

燃点越低的物质，越易着火。因为它们在能量、热量较小时或由于撞击、摩擦的作用，能很快接触热源达到燃点。如最常见的钾、钠、白磷、萘、樟脑、石蜡、硫黄、联苯等，它们的燃点分别为 70℃、100℃、34℃~45℃、86℃、70℃、158℃~195℃、207℃、113℃。

3. 自燃点

有些固体物质的自燃点比可燃液体或气体的自燃点都要低，它们一般在 180℃~350℃之间。它们接触热源达到一定的温度，即使没有明火作用也能产生自燃。自燃点低的物质，危险性就会更大一些。许多可燃固体的粉尘在空气中浮游可形成爆炸性混合物。一般来说，粉尘的自燃点都比其原来物质的自燃点高。

4. 单位体积的表面积

同样的物质，单位体积的表面积越大，其危险性就相应增大，一是氧化面积增大，二是蓄热能力增强。例如，硫粉比硫块燃烧快。

5. 受热分解速度

低温下受热分解速度越快的物质，其燃烧危险性就越大。物质受热分解会自行升高温度以至于达到自燃点。

易燃固体的主要特性是容易被氧化，受热易分解或升华，遇火种、热源常会引起强烈、连续的燃烧。

易燃固体与氧化剂接触，反应剧烈而发生燃烧爆炸。如赤磷与氯酸钾接触、硫

黄粉与氯酸钾或过氧化钠接触，都易立即发生燃烧爆炸。

易燃固体对摩擦、撞击、震动也很敏感。如赤磷、闪光粉等受摩擦、震动、撞击等也能起火燃烧甚至爆炸。

有些易燃固体与酸类（特别是氧化性酸）反应剧烈，会发生燃烧爆炸。发泡剂H（N，N-二亚硝基五亚甲基四胺）与酸或酸雾接触会迅速着火燃烧；萘遇浓硝酸（尤其是发烟硝酸）反应猛烈会发生爆炸。

许多易燃固体有毒，或燃烧产物有毒或有腐蚀性，如二硝基苯、二硝基苯酚、硫黄、五氧化二磷等。

金属粉末如闪光粉、铝粉等，碱金属氨基化合物如氨基化锂、氨基化钠等，除在通常条件下具有燃烧爆炸性外，还兼有遇水燃烧的性能。

（二）自燃物品

自燃物品指自燃点低，在空气中易发生氧化反应，放出热量，而自行燃烧的物品，如二乙基锌、连二亚硫酸钠（保险粉）、白磷（又称黄磷）等。

自燃物品多具有容易氧化、分解的性质，且燃点较低。在未发生自燃前，一般都经过缓慢的氧化过程，同时产生一定的热量，当产生的热量越来越多，使温度达到该物质的自燃点时便会自发着火燃烧。

凡能促进氧化反应的一切因素均能促进自燃。空气、受热、受潮、氧化剂、强酸、金属粉末等能与自燃物品发生化学反应或对氧化反应有促进作用，都可促使自燃物品自燃。

在空气中常温常压下，无任何外来火源作用情况下，影响物质自燃的条件有以下几方面。

1. 发热量

单位质量物质发热量是物质特有的性质，其大小因物质种类和引起自燃的反应类型不同而异。一般来说，当混触反应最大发热量低于418J/g时，很难发生自燃；当混触反应最大发热量高于418J/g时，则可能发生自燃。

2. 温度

在化学反应中，温度直接影响反应速度，温度越高，反应速度越快，自燃则容易发生。

3. 比表面积

比表面积越大，单位体积内与空气中氧气的接触面积越大，同时比表面积增大到一定程度能增强其化学反应活性，因而物质比表面积大能加速自燃反应。

4. 催化作用

如果自燃体系中存在对放热反应具有催化作用的物质，则自燃反应会加快。如少量的一氧化氮和二氧化氮能加快硝化纤维素和赛璐珞的自燃。

5. 通风散热条件

空气流动能加快物质内部与外部的对流传热，能避免造成热量积聚，因而通风散热条件越差，越容易自燃。

6. 热导率

热导率越小，热量则越不容易传导出去，容易形成热量积聚，引起自燃。物质的热导率与其存在形态有关，一般来说，物质处于气态或粉末状态时，热导率降低，容易自燃。

（三）遇湿易燃物品

遇湿易燃物品指遇水或受潮时，发生剧烈化学反应，放出大量的易燃气体和热量的物品。有些不需明火，即能燃烧或爆炸，如三氯硅烷、碳化钙（电石）等。

遇湿易燃物品主要具有以下特性。

（1）与水或潮湿空气中的水分能发生剧烈化学反应，放出易燃气体和热量。

即使当时不发生燃烧爆炸，放出的易燃气体积聚在容器或室内与空气也会形成爆炸性混合物而导致危险。

（2）与酸反应比与水反应更加剧烈，极易引起燃烧爆炸。

（3）有些遇湿易燃物品本身易燃或保存在易燃的液体中（如金属钾、钠等均浸没在煤油中保存，隔绝空气），它们遇火种、热源也有很大的危险。

此外，一些遇湿易燃物品还具有腐蚀性或毒性，如硼氢类化合物有剧毒。

五、氧化性物质和有机过氧化物

（一）氧化性物质

1. 氧化性物质定义

氧化性物质指处于高氧化态，具有强氧化性，易分解并放出氧和热量的物质。包括含有过氧基的无机物，其本身不一定可燃，但由于富氧可以助燃，能够强化可燃物的燃烧。与松软的粉末状可燃物能组成爆炸性混合物。

2. 氧化性物质分类

氧化性物质主要有以下几类化合物。氧化性物质按其氧化性的强弱和化学组成的不同分为四类，即一级无机氧化剂、二级无机氧化剂、一级有机氧化剂、二级有机氧化剂。

（1）一级无机氧化剂

此类氧化剂不稳定，有强烈氧化性。常见的有：

①过氧化物类，如过氧化钠、过氧化钾等；

②某些氯的含氧酸及其盐类，如高氯酸钠、氯酸钾、漂白精（次亚氯酸钙）等；

③硝酸盐类，如硝酸钾、硝酸钠、硝酸铵等；

④高锰酸盐类，如高锰酸钾、高锰酸钠等；

⑤其他，如银铝催化剂、烟雾剂（主要成分为氯酸钾、氯化铵）等。

（2）二级无机氧化剂

二级无机氧化剂比一级无机氧化剂稍稳定，氧化性稍弱，常见的有：

①硝酸盐及亚硝酸盐类，如硝酸钾、硝酸钠、硝酸铅、亚硝酸钠、亚硝酸钾等；

②过氧酸盐类，如过氧酸钾、过氧酸钠、过硫酸钠、过硼酸钠等；

③高价态金属酸及其盐类，如重铬酸钾、重铬酸钠、高锰酸锌、高锰酸银、重铬酸铵等；

④氯、溴、碘等卤素的含氧酸及其盐类，如溴酸钠、氯酸镁、亚氯酸钠、高氯酸钙、高碘酸等；

⑤高价金属氧化物，如三氧化铬、二氧化铅等；

⑥其他氧化物，如五氧化二碘、二氧化铬、二氧化铅、二氧化锌、二氧化镁等。

3. 氧化性物质特性

（1）氧化性物质分别含有高价态的氯、溴、碘、氮、硫、锰、铬等元素，这些高价态的元素都有较强的获得电子能力。有较强的氧化性能，遇酸、碱、高温、震动、摩擦、撞击、受潮或与易燃物品、还原剂等接触能迅速分解，因此，氧化剂最突出的性质是遇易燃物品、可燃物品、有机物、还原剂及和性质有抵触的物品混存时，即能分解，会发生剧烈化学反应引起燃烧爆炸。

（2）氧化性物质中的无机过氧化物均含有过氧基（—O—O—），很不稳定，易分解放出原子氧，尤其遇高温易分解放出氧和热量，极易引起燃烧爆炸。许多氧化剂如氯酸盐类、硝酸盐类、有机过氧化物等对摩擦、撞击、震动极为敏感。储运中要轻装轻卸，以免增加其爆炸性。

（3）大多数氧化性物质，特别是碱性氧化剂，遇酸反应剧烈，甚至发生爆炸。例如，过氧化钠（钾）、氯酸钾、高锰酸钾、过氧化二苯甲酰等，遇硫酸立即发生爆炸。这些氧化剂不得与酸类接触，也不可用酸碱灭火剂灭火。

（4）有些氧化性物质特别是活泼金属的过氧化物如过氧化钠（钾）等，遇水分解放出氧气和热量，有助燃作用，使可燃物燃烧，甚至爆炸。这些氧化剂应防止受潮，灭火时严禁用水、酸碱、泡沫、二氧化碳灭火剂扑救。

（5）有些氧化性物质具有不同程度的毒性和腐蚀性。例如，铬酸酐、重铬酸盐等既有毒性，又会灼伤皮肤；活泼金属的过氧化物有较强的腐蚀性，操作时应做好个人防护。

（6）有些氧化性物质与其他氧化剂接触后能发生复分解反应，放出大量热而引起燃烧爆炸。如亚硝酸盐、次亚氯酸盐等遇到比它强的氧化剂时显还原性，发生剧烈反应而导致危险。所以，各种氧化剂亦不可任意混储混运。

（二）有机过氧化物

1. 有机过氧化物定义

有机过氧化物（5.2类）指分子组成中含有过氧基（—O—O—）的有机物，该物质为热不稳定物质，其本身易燃易爆、极易分解，对热、震动或摩擦极为敏感，可能发生放热的自加速分解。该类物质还可能具有以下一种或数种性质：（1）可能发生爆炸性分解；（2）迅速燃烧；（3）对碰撞或摩擦敏感；（4）与其他物质起危险反应；（5）损害眼睛。如过氧化苯甲酰、过氧化二叔丁醇、过氧化甲乙酮等。

2. 有机过氧化物分类

（1）一级有机氧化剂。一级有机氧化剂很不稳定，容易分解，有很强的氧化性，而且其本身是可燃的，易于着火燃烧；分解时的生成物为气体，容易引起爆炸。因此，有机氧化剂比无机氧化剂具有更大的火灾爆炸危险性。常见的有：过氧化二苯甲酰、过氧化二异丙苯、过氧化二叔丁酯、过苯甲酸、过甲酸、硝酸胍、硝酸脲等。

（2）二级有机氧化剂。二级有机氧化剂比一级有机氧化剂稍稳定，氧化性稍弱。常见的有：过醋酸、过氧化环己酮、土荆芥油等。

（3）有机过氧化物还按其危险性的大小划分为七种类型。特别是有机过氧化物分子本身就是可燃物，易着火燃烧，受热分解的生成物又均为气体，更易引起爆炸。

①A型：指易于起爆或快速爆燃，或在封闭状态下加热时呈现剧烈效应的有机过氧化物。A型类有机过氧化物因其有敏感易爆性，应当按爆炸品对待。

②B型：指有爆炸性，配置品在包装运输时不起爆，也不会快速爆燃，但在包件内部易产生热爆炸的有机过氧化物。B型有机过氧化物运输时装入第一包件的净重不得大于25kg，并应在包装上显示爆炸品副标志。

③C型：指在包装运输时不起爆、不快速爆燃，也不易受热爆炸，但仍具有潜在爆炸的有机过氧化物。C型有机过氧化物运输时，每一包件的净重不得大于50kg，可免贴爆炸品副标志。

④D型：指在封闭条件下进行加热试验时，呈现部分起爆，但不快速爆燃且不呈现剧烈效应；或不爆轰，但可缓爆燃烧并不呈剧烈效应；或不爆轰爆燃，但呈现中等效应的有机过氧化物。D型有机过氧化物第一包件的净重不得大于50kg，可免贴爆炸品标志。

⑤E型：指在封闭条件下进行加热试验时，不起爆、不爆燃，只呈现微弱效应的有机过氧化物。E型有机过氧化物每一包件的净重不得大于400kg，容积不得大于450L。

⑥F型：指在封闭条件下进行加热试验时，既不引起空化状态的爆炸，也不爆燃，只呈现微弱炸力或没有任何效应，而呈现微弱炸力或没有爆炸力的有机过氧化物。F型有机过氧化物可用中型的散装容器、可移动罐柜或罐车运输。

⑦G型：指在封闭条件下进行加热试验时，即不引起空化状态的爆炸，也不爆燃，且不呈现效应及没有任何爆炸力，但其配置品是有热稳定性包件的（50kg，自行加速分解温度 ≥ 60℃）有机过氧化物。

3. 有机过氧化物特性

（1）强氧化性：具有强烈的氧化性，遇酸碱或还原剂可发生剧烈的氧化还原反应。

（2）易分解：当遇光、受热、摩擦、震动、撞击、遇酸、碱等外界条件作用下，极易分解放出氧气，大量的氧可助燃，致使一些易燃品引起燃爆。

六、毒害品和感染物品

（一）毒害品

毒害品指进入人肌体后，累积达到一定的量，能与人体体液和器官组织发生生物化学作用或生物物理作用，扰乱和破坏肌体的正常生理机能，引起暂时性或持久性的病理改变，甚至危及生命的物品。人体和动物可通过呼吸道、消化道和皮肤三种途径中毒。

根据欧盟的化学品标示方案，在有毒的范围内，较低的毒性标示为"有害的"（harmful），中间的毒性标示为"有毒的"（toxic），较高的毒性标示为"剧毒的"（very toxic）。

1. 毒害品的分类

（1）无机类。如氰化钾（钠），三氧化二砷，汞、铍、锑、铍、铊、铅、钡、氟、磷、碲及其化合物类（如氯化汞、氢氧化铍、氟化钠、磷化锌等）。

（2）有机类。如二氯甲烷，四乙基铅，有机磷、硫、砷、硅、腈、胺类化合物，溴甲烷，西力生，鸦片，尼古丁，硫酸二甲酯，氯化苦，正硅酸甲酯，煤焦沥青等。

另外，毒害品按物理形态可分为气体、蒸气、雾、烟和粉尘（后三种一般统称为气溶胶）等；按毒物作用性质分类通常可分为窒息性毒物、刺激性毒物、麻醉性毒物和全身性毒物四类。

2. 常用毒性指标

（1）半数致死剂量或浓度（LD50 或 LC50）。表示一次染毒后，引起某实验总体的受试验动物中半数动物死亡的剂量或浓度。该数值是根据急性毒性实验的结果，经数理统计后得出的，是较准确、稳定的毒性指标。

（2）绝对致死剂量或浓度（LD100 或 LC100）。表示某实验总体中引起一组受试验动物全部死亡的最小剂量或浓度。

（3）最小致死剂量或浓度（MLD 或 MLC）。在某试验总体的一组受试动物中，仅引起个别动物死亡的剂量或浓度。

（4）最大耐受剂量或浓度（LD0 或 LC0）。在某试验总体的一组受试动物中，不发生中毒死亡的最大剂量或浓度。

（5）致死剂量或浓度（LD 或 LC）。笼统地表示可引起受试验动物死亡的剂量或浓度。

（6）急性阈浓度（Limac）。一次染毒后，引起受试验动物有害反应的最小浓度。

（7）慢性阈浓度（Limah）。经长期多次染毒后，引起受试验动物有害反应的最小浓度。

（8）无反应浓度（EC0）。不引起机体发生所观察的反应的最大浓度，它仅比阈浓度低一档。

在上述毒性指标中，半数致死剂量（LD50）最常用。毒性的大小和致死剂量成反比，即致死剂量越大，则毒性越小。

（二）感染性物品

感染性物品是指含有致病的微生物，能引起病态，甚至死亡的物质。

（三）毒害品和感染性物品的储存和运输要求

（1）必须储存在仓库内，不得露天存放，远离明火、热源，库房通风应良好。

（2）入库和运输前应严格检查包装是否完整、密封，包装破坏的不予运输。

（3）做好个人防护，运输毒害品时应轻装轻卸，严禁摔碰、翻滚，防止包装容器破损，并应禁止肩扛、背负；作业人员应穿戴防护服、口罩、手套（禁止徒手接触毒害品），必要时戴防毒面具。

（4）剧毒品应严格执行"五双管理制度"。

（5）车运、船运完毕后，接触工具或用品要彻底清洗、消毒。严禁将其与食品或食品添加剂混存混运。

七、放射性物品

放射性物品是指放射性比活度＞70kBq/kg（2μCi/kg）的物品。如金属铀、六氟化铀、金属钍等，可以放射出α、β、γ射线和中子流的物质。按其放射性大小可细分为一级、二级和三级放射性物品。

（一）相关概念

（1）放射性活度（放射性强度）。指每秒内某放射性物品发生核衰变的数目或每秒内射出的相应离子数目，放射性活度的单位用贝可（Bq）或居里（Ci）表示。

（2）放射性比活度。单位质量的放射性物质的放射性活度。

（3）运输指数。指给包件、集合包装、罐柜或集装箱，或无包装的低比活度放射性物品及表面污染物体所指定的一个数值。以上所指货物包件表面1m远处的以毫希[沃特]/小时（mSv/h）为单位的最高辐射水平，乘以100所得的积就是运输指数。

（二）分级

放射性物品按包件或集装箱的表面最高辐射水平和运输指数分为以下三个危险等级。

（1）一级放射性物品。指表面任何一点的最高辐射水平＜0.005mSv/h，且测不出运输指数的包件。

（2）二级放射性物品。指0.005mSv/h≤表面任何一点的最高辐射水平＜0.5mSv/h，运输指数＜1.0，且箱内无三级易裂变物质的包件。

（3）三级放射性物品。指0.5mSv/h≤表面任何一点的最高辐射水平＜2mSv/h，1.0＜运输指数≤10的包件；或2mSv/h≤表面任一点的最高辐射水平＜10mSv/h，运动指数＞10的包件。

（三）放射性物品的管理

放射性物品的主要危险性是看不见的射线对人体的严重伤害，所以，必须按照国家有关规定，严格执行与其相关的控制要求。主要的原则有以下几个方面。

1. 包装

放射性物品在储运过程中必须有完整妥善的包装，一般应采取多层包装，包括内容器和内层辅助包装、外容器和外层辅助包装。

2. 储存

（1）仓库应干燥、通风、平坦，要画出警戒线，并采取一定的屏蔽防护。

（2）应远离其他危险物品或货物、人员、交通干线等，严格执行防护检查等管理制度。

（3）存放过放射性物品的地方，应在卫生部门指派的专门人员监督指导下，进行彻底清洗，否则不得存放其他物品。

（4）操作人员必须做好个人防护，轻装轻卸，严禁肩扛、背负、摔掷、碰撞。工作完毕必须洗澡更衣，且防护服应单独清洗。

八、腐蚀品

凡是能对人体、动植物体、纤维制品、金属等造成强烈腐蚀的固体或液体称为腐蚀物品。该类物品的区分标准：与皮肤接触在 60min 以上、4h 以内的暴露期后至 14 天的观察期内，能使完好的皮肤组织出现可见坏死现象，或温度在 55℃时，对 204 钢的表面均匀年腐蚀率超过 6.25mm/a 的固体或液体。

（一）腐蚀品分类

腐蚀性物品接触人的皮肤、眼睛、肺部、食道等，会引起表皮细胞组织灼伤，而且灼伤伤口不易愈合。人体内部器官被灼伤时，严重的会引起炎症，如肺炎，甚至会造成死亡。腐蚀品按化学性质分为以下三类。

（1）酸性腐蚀品（Corrosives presenting acidic properties）。包括无机酸和有机酸。

（2）碱性腐蚀品（Corrosives presenting alkalinous properties）。如氢氧化钠、烷基醇钠类（如乙醇钠）、含肼不大于 64% 的水合肼、环己胺、二环乙胺、蓄电池液（碱液型）均属此项。

（3）其他腐蚀品（Other corrosives）。指酸性和碱性都不太明显的腐蚀品，如苯酚、木馏油、蒽、塑料沥青等均属此项。

（二）腐蚀品的储存和运输要求

（1）因腐蚀品品种比较复杂，应根据性质分别储存。如酸碱要分开，防止酸类与氰化物、H 发孔剂、遇湿易燃物品、氧化剂等混储混运。

（2）注意个人防护，装卸搬运时，操作人员应穿戴防护用品，作业时轻拿轻放，禁止肩扛、背负、翻滚、碰撞、拖拉。在装卸现场应备有救护物品和药水，如清水、苏打水和稀硼酸水等，以备急需。

（3）尽量不用金属底板的运输车和工具。

九、杂类

本类物品是指在运输过程中呈现的危险性质不包括在上述八类危险物中的物品。主要分为以下两类。

（1）磁性物品。指航空运输时，距其包装件表面任何一点 2.1m 处的磁场强度 H > 0.159A/m。

（2）具有麻醉、毒害或其他类似性质的物品。如能造成飞行机组人员情绪烦躁或不适，以致影响飞行任务的正确执行，危及飞行安全的物品。

第三节　危险化学品废物的来源与特性

一、危险化学品废物的来源

危险化学品废物，是指列入国家危险废物名录或者根据国家规定的危险废物鉴别标准和鉴别方法认定的具有危险特性的化学品废物。它们一般具有爆炸、易燃、毒害、腐蚀、放射性等性质，在运输、装卸过程中，易造成人身伤亡和财产损毁而需要特别防护。其可能来源：①从化学品的生产、配制和使用过程中产生的废物；②在生产、销售、使用过程中产生的次品、废品；③从研究和开发或教学活动中产生的中间产物、副产物以及尚未鉴定的对人类或环境有危险性的化学品废物；④因使用、储存等原因，纯度、成分发生变化，而不能再使用的危险化学品；⑤超过使用期限而过期报废的化学品。

二、危险化学品废物的特性

危险化学品废物本质上是危险化学品，所以危险化学品废物的分类也可依据 1992 年发布的国家标准《常用危险化学品的分类及标志》（GB 13690—92），按常用危险化学品主要危险特性将其分为8类：第1类，爆炸性危险化学品废物；第2类，压缩气体和液化气体危险化学品废物；第3类，易燃液态危险化学品废物；第4类，易燃固态、自燃和遇湿易燃危险化学品废物；第5类，氧化剂和有机过氧化物危险化学品废物；第6类，有毒危险化学品废物；第7类，放射性危险化学品废物；第8类，腐蚀性危险化学品废物。同理，也可按照危险化学品的具体细分对各类危险化学品废物进行细分类。

危险化学品废物具有易燃、易爆、毒害、腐蚀、放射性等其中一种或几种危险特性，其中爆炸性、腐蚀性和放射性已在前文中做了详细介绍，本节仅补充易燃性和毒害性两方面的内容。

（一）易燃性

燃烧危险性是危险化学品废物的重要特征之一。化学品的燃烧危险性影响因素较多，其中，可燃化学品、点火源和助燃物是燃烧危险性的三要素，这里仅对此做一概述。

1.可燃化学品

通常来说，可燃化学品在燃烧三要素中是作为可燃物存在的。

化学品根据其性质可分为可燃化学品、难燃化学品和不可燃化学品三类。凡是能与空气、氧气和其他氧化剂发生剧烈氧化反应的化学品，都称为可燃化学品。它的种类繁多，按其状态不同可分为气态、液态和固态三类。

（1）气态可燃化学品。第2类压缩气体和液化气体危险化学品废物中的易燃气体都属于气态可燃化学品。

爆炸极限和自燃点是评定气态可燃化学品燃烧危险性的主要指标。

爆炸极限是指易燃和可燃气体与空气混合并达到一定浓度时，遇到火源就会发生燃烧或爆炸。这个遇火源能够发生燃烧或爆炸的浓度范围，叫作爆炸极限，通常用可燃气体在空气中的体积分数表示。气体的爆炸极限范围越宽，即爆炸下限越低，爆炸上限越高，其燃烧爆炸危险性越大。

使可燃物质发生自燃的最低温度，就是该物质的自燃点。气体的自燃点越低，其火灾爆炸危险性越大。可燃气体的自燃点不是固定不变的数值，而是受压力、容器直径、催化剂等因素的影响。

另外，气体的相对密度、扩散性、压缩性和膨胀性等性质以及临界状态参数等也都决定其危险的程度。如相对密度比空气大的可燃气体沿着地面扩散，并易窜入沟渠在厂房死角处长时间聚集不散，遇火源易发生燃烧或爆炸。另外，气体在压力和温度的作用下，容易改变其体积，受压时体积减小，受热时体积膨胀，所以盛装压缩气体或液化气体的容器如受高温、日晒等作用，气体会急剧膨胀，产生很大压力。当压力超过容器的极限强度时，就会引起容器的胀裂或爆炸。

（2）液态可燃化学品。第3类易燃液态危险化学品废物都属于液态可燃化学品，评定液态可燃化学品燃烧爆炸危险的主要指标是闪点和爆炸极限。

闪点是指液体表面挥发的蒸气与空气混合后，当接触火焰时，能产生闪燃的最低温度。闪点是判断可燃性液体危险程度的有代表性的参数之一。液体的闪点越低，越易着火，火灾危险性越大。

易燃与可燃液体的蒸气和气体一样，在空气中达到一定浓度，遇火源能发生爆炸。液体的爆炸极限有两种表示方法，一是爆炸浓度极限，二是爆炸温度极限。

另外，液体的其他性能如自燃点、饱和蒸气压、相对密度、流动扩散性、沸点、膨胀性和带电性等也决定其危险的程度。如可燃液体的沸点越低，相对密度越小，则蒸发速度越快，闪点也越低，容易与空气形成爆炸性混合物。另外，大部分易燃和可燃液体的电阻率在 $1010 \sim 1015\,\Omega \cdot cm$ 范围内，容易积聚静电，它们在灌注、运输、喷溅和流动过程中，有可能因摩擦产生静电放电而引起火灾和爆炸。

（3）固态可燃化学品。第4类易燃固态、自燃和遇湿易燃危险化学品废物都属于固态可燃化学品，固态可燃化学品的燃烧爆炸危险性主要决定于固体的熔点、燃点、自燃点、比表面积及热分解性等。

固体物质燃烧一般在汽化状态下进行，因此熔点低的固体物质容易蒸发或汽化，燃点较低，燃烧速度较快。许多熔点低的易燃固体还有闪燃现象。

由于固态可燃化学品组成中分子间隔小，密度大，受热时蓄热条件好，所以其自燃点一般低于可燃液体和气体的自燃点，同样的固体物质，单位体积的表面积越大，其危险性就越大。例如，铝、硫等的粉末容易燃烧，就是由于氧化表面增大的结果；而粉状固态可燃化学品悬浮在空气中还有爆炸危险。

另外，许多化合物的分子中含有容易游离的氧原子或含有不稳定的单体，受热后极易分解并产生大量的气体，放出分解热，从而引起燃烧和爆炸，如硝基化合物、硝酸酯、高氯酸盐、过氧化物等。物质的受热分解温度越低，其燃烧危险性越大。

2. 点火源

在燃烧爆炸性环境中，当存在具备一定点火能量的火源时，就可能引起燃爆危险。各种燃爆性混合物都有一个最低点火能量，它是指能引起可燃性混合物发生燃爆的最小火源所具有的能量。它也是可燃性物质燃烧爆炸危险性的一项重要的性能参数，最小点火能越小，物质的火灾爆炸危险性越大。

常见的点火源主要包括明火、电火花、静电和雷电、高温表面、冲击摩擦、化学反应热及自燃发热、热辐射、光照等。

3. 助燃物

助燃物是支持燃烧的物质，一般指氧或氧化剂，主要指空气中的氧。大部分燃烧需要至少 15% 的氧才能燃烧，如果氧超过 21%，可能引起更剧烈的燃烧和爆炸。除空气中存在的氧以外，氧源还有用于焊接和切割操作的氧气瓶、为生产过程供氧的管道和加热时能放出氧气的氧化剂等。

（二）毒害性

有毒危险化学品废物的毒性在前文已介绍了许多，这里仅补充有毒危险化学品废物对微生物的毒害性。

1. 无机化学品

卤素化学品对微生物具有极大的毒性影响，其影响与水中含有的阳离子、有机物悬浮固体及黏土有关。各种卤素离子的延滞微生物活动的浓度：F^- 为 0.1mg/L（pH=4.0 ~ 4.5）；Cl^- 为 0.2mg/L；Br^- 为 4mg/L（pH=4.0 ~ 5.0）；I^- 为 5mg/L（pH≤6.5）。

重金属离子对生物有剧毒，但某些微量重金属可促进微生物活动。一些重金属离子的延滞或停止微生物活动的浓度：Hg^{2+} 为 1mg/L；Cr^{6+} 为 5mg/L；Cu^{2+} 为 25mg/L；Ag^+ 为 35mg/L；Zn^{2+} 为 10mg/L；Cd^{2+} 为 15mg/L；Ce^{2+} 为 70mg/L。重金属离子的生物毒性也可能受阴离子种类的影响。

金属原子序数越大，其离子的毒性越大，且毒性的大小随所含阴离子与阳离子的组合情况而有不同。

当水中含有一种以上的卤素或重金属离子时，其生物毒性可能会发生协同作用或拮抗作用，即其混合毒性可能大于其单独存在时的毒性之和，也可能小于其单独存在时的毒性之和。

2. 有机化合物

很多有机化合物对微生物的活动有害。

季铵类、氰化物、酚类、醇类、酮类、醛类及有机酸等均可影响微生物活动，其影响大小与自身浓度及 pH 值、碱度及微生物的种类有关。除酮类外，化合物越复杂，其生物毒性越大。

有机氯可释放出氯胺（如 NH_2Cl、$NHCl_2$ 和 NCl_3），氯胺浓度超过 3mg/L 且 pH=6.0 ~ 8.0 时，会对微生物活动产生抑制作用。

酚类的毒性与 pH 值和温度有关，在高温度及低 pH 值时毒性较大。酚的浓度超过 100mg/L 时，对微生物活动有抑制作用；超过 500mg/L 时，对微生物活动有长期抑制作用。

很多酚的衍生物和化合物对微生物有毒性作用。甲酚的微生物活动延滞浓度为 50mg/L，乙汞基硫代水杨酸钠的微生物活动延滞浓度为 100mg/L。苯甲酸、水杨酸、甲苯、二甲苯、卤代酚类、取代酚类、硝基酚、苯磺酸盐和芳香醇等浓度较大时均对微生物产生毒性作用。

很多酮类对微生物的新陈代谢有高度的毒性，如丙酮 10mg/L 和丁酮 20mg/L 都有杀菌能力。

一些醛类，如甲醛 200mg/L、乙醛 20mg/L、丙醛 30mg/L 等，均对微生物有毒。

很多有机酸，如醋酸 2000mg/L、乳酸 200mg/L、丙酸 300mg/L、草酸 1000mg/L 等，都会延滞或抑制微生物的活动。

醇类，如甲醇 1000mg/L、乙醇 1000mg/L、丁醇 300mg/L、苯甲醇 500mg/L 等，都会延滞或抑制微生物的活动。

氰化物浓度超过 10mg/L，即对微生物活动产生延滞作用。

很多季铵类化物，如它们的卤化物或硫酸盐，对微生物的毒性颇大。烷基二甲基硫酸苄铵 5.0mg/L、氯化鲸蜡吡啶 4mg/L 和溴化鲸蜡三甲铵 5.0mg/L 等，都会延滞或抑制微生物的活动。其抑制作用随 pH 值的不同而变化，一般而言，pH 值越低，季铵类化合物对微生物的抑制作用越小。当 pH 值为 3 时，很多季铵类化合物对微生物无抑制作用。

很多胺类化合物的生物毒性很大，如丙胺的生物抑制浓度为 300mg/L、丁胺为 500mg/L、苄胺为 100mg/L、苯胺为 200mg/L。

3. 抗生素

某些抗生素，当其浓度到达一定值时，可使微生物活动延滞或完全抑制。

（三）不相容性

不同类的危险化学品废物混合在一起有可能发生化学反应。当两种或两种以上危险化学品废物混合后发生化学反应，导致不利后果并对环境和人类健康造成潜在威胁时，一般认为这些废物彼此不相容。不相容的危险化学品废物混合后，可能导致的不利后果主要包括：

（1）大量放热，在一定条件下可能会引起火灾，甚至爆炸（如碱金属、金属粉末等）；

（2）产生有毒气体（如砷、氰化氢、硫化氢等）；

（3）产生易燃气体（如氢气、乙炔等）；

（4）废物中重金属的毒性化合物的再溶出（如螯合物）。危险化学品废物的转移、临时存放、处理处置等，均要特别注意不同类危险化学品废物之间的不相容性，严禁不相容的危险化学品废物同车混装、混运，禁止不相容的危险化学品废物同地存放，不相容的危险化学品废物不得同地处理处置。

危险化学品废物的临时存放有严格要求，应特别注意以下几点。

（1）遇火、遇热、遇潮能引起燃烧、爆炸或发生化学反应，产生有毒气体的危险化学品废物不得在露天或在潮湿、积水的建筑物中储存；

（2）受日光照射能发生化学反应，引起燃烧、爆炸、分解、化合或能产生有毒气体的危险化学品应储存在一级建筑物中，其包装应采取避光措施；

（3）爆炸物品不准和其他类物品同储，必须单独隔离限量储存，仓库不准建在城镇，还应与周围建筑、交通干道、输电线路保持一定安全距离；

（4）压缩气体和液化气体必须与爆炸物品、氧化剂、易燃物品、自燃物品、腐蚀性物品隔离储存，易燃气体不得与助燃气体、剧毒气体同储，氧气不得与油脂混合储存，盛装液化气体的容器属压力容器的，必须有压力表、安全阀、紧急切断装置，并定期检查，不得超装；

（5）易燃液体、遇湿易燃物品、易燃固体不得与氧化剂混合储存，具有还原性的氧化剂应单独存放；

（6）有毒物品应储存在阴凉、通风、干燥的场所，不要露天存放，不要接近酸类物质；

（7）腐蚀性物品，包装必须严密，不允许泄漏，严禁与液化气体和其他物品共存。

三、危险化学品废物与危险废物之间的区别与联系

危险化学品废物，是指列入国家危险废物名录或者根据国家规定的危险废物鉴别标准和鉴别方法认定的具有危险特性的化学品废物。它们一般具有爆炸、易燃、毒害、腐蚀、放射性等性质，在运输、装卸过程中，易造成人身伤亡和财产损毁而需要特别防护。

危险废物是指含有一种或一种以上有害物质或其中的各组分相互作用后会产生有害物质的废弃物，这里的有害物质是指一些对生物体、饮用水、土壤环境、水体环境以及大气环境具有直接危害或者潜在危害的物质，这些危害主要包括爆炸性、

易燃性、腐蚀性、化学反应性、毒性、传染性以及某些令人厌恶的特性。危险废物形态包括固体、半固体、液体以及储存在容器中的气体。

组成上，危险化学品废物较简单，一般仅含一种或几种危险化学品，废水、矿渣、污泥和废渣一类组成复杂含多种有害物质的废弃物一般不列入危险化学品废物中；而危险废物除包括危险化学品废物外，还包括多种有害物质相互作用后产生的类似污泥、残渣等组成复杂的废弃物。

在所具有的危险特性方面，危险化学品废物一般具有爆炸、易燃、毒害、腐蚀、放射性等性质；危险废物的危害特性主要包括腐蚀性、毒性、反应性、传染性、放射性等。其中，毒性包括急性毒性和浸出毒性。反应性是指在无引发条件的情况下，由于本身不稳定而易发生剧烈变化，例如，与水能反应形成爆炸性混合物，或产生有毒的气体、蒸气、烟雾或臭气；在受热的条件下能爆炸；常温常压下即可发生爆炸等。所以，从本质上看，危险废物除具有危险化学品废物的危害特性外，还具有浸出毒性和传染性。

以医疗废物为例，医疗废物为一大类危险废物。医疗废物按产生来源可分为感染性废物、病理性废物、损伤性废物、药物性废物、化学性废物等。感染性废物是指携带病原微生物，具有引发感染性传播危险的医疗废物，包括被病人血液、体液、排泄物污染的物品，传染病病人产生的生活垃圾等；病理性废物是指在诊疗过程中产生的人体废弃物和医学试验动物尸体，包括手术中产生的废弃人体组织，病理切片后废弃的人体组织、病理切块等；损伤性废物是指能够刺伤或割伤人体的废弃的医用锐器，包括医用针头、解剖刀等；药物性废物是指过期、淘汰、变质或被污染的废弃药品，包括废弃的一般性药品、废弃的细胞毒性药物和遗传毒性药物等；化学性废物是指具有毒性、腐蚀性、易燃易爆性的废弃化学物品，如废弃的化学试剂、化学消毒剂、汞血压计、汞温度计等。由此可知，医疗废物中只有化学性废物和部分药物性废物属于危险化学品废物。

第四节　危险化学品废弃物的处理

危险化学品下脚料、废弃物，如果随意丢弃和排放，不仅会污染环境，而且有引起火灾和爆炸的危险。例如，将苯、汽油等有机溶剂排入下水道，因为它们在水中的溶解度小，且比重比水小，会漂浮在水面随水漂流，一遇火种就会引起燃烧或爆炸，随波逐流还会造成火势蔓延；对于性质不同或性质相抵触的废弃物排入同一下水道，很容易发生化学反应，导致事故发生。曾经有过将双氧水和丙酮同时排入下水道，生成丙酮过氧化物爆炸的事故。冲洗地面的污水，如果含亚硝酸铵、硝酸铵等盐类，排入下水道后也有很大的潜在危险性。因为这些物料会积聚下来成为干料，亚硝酸铵的结晶能自行爆炸。所以，对于危险化学品废弃物，必须采取安全有效的处理方法。

一、焚烧法

可燃有机物下脚料与废弃物用焚烧法处理最为省力、有效，其燃烧热还可以被利用，既消除了危险隐患，又可以节约能源，一举两得。不过，要保证燃烧完全，以免污染大气，同时要注意防火安全问题。

（一）高沸点液体可燃物

可以将高沸点液体可燃物少量渗入煤中进行焚烧，但必须注意以下要点。

（1）凡是有爆炸物质混入时，不可用此法。

（2）若有硝基化合物，如二硝基化合物，一般燃烧猛烈但不爆炸，但在某种条件下有可能发生爆炸。如果渗在煤中的高沸点废液中含有二硝基甲苯，当其在炉膛里燃烧时，其表面的二硝基甲苯会迅猛燃烧，但不爆炸。然而，一旦煤层过厚，压在下层的二硝基甲苯就有可能发生爆炸，因此不可用此法焚烧。如果用废溶剂高度稀释，配制成低浓度溶液，在炉膛内用喷头喷洒在煤层表面进行焚烧，则可显著降低爆炸危险性。

（3）如果高沸点下脚料中含有高分子聚合物，则有可能在燃烧时发生剧烈分解。这种情况下，可以先取少量试烧。若试烧过程中火焰是平稳向上的，一般不会爆炸；如果火焰向四面八方突出如星形者，大量燃烧时就可能发生爆炸，不可轻易焚烧，可加废溶剂稀释后再试，试至火焰平稳向上时，此浓度下的溶液就可用焚烧法处理。

（二）低沸点溶剂

低沸点溶剂不宜采用渗入煤中燃烧的方法，因为沸点低，容易挥发，在炉膛内易形成爆炸性混合气体，会引起炉膛轰燃、爆炸，很不安全。凡是低沸点废溶剂，只要不含爆炸性危险品，可以用类似油炉燃烧给油的方式，用喷嘴向炉膛内喷射供料法燃烧，但要注意与空气量平衡，保证燃烧完全。进料要少而慢，如进料过快，则有可能在烟道内发生爆炸。

（三）含盐类物质

凡是含大量盐类，燃烧后产生多量固体无机盐的废弃物，不得在锅炉内焚烧。

（四）部分可燃、不燃的混合废料

一般适合掺在煤中焚烧，不用喷嘴给料法，以免不燃物在炉膛内结垢，影响炉膛导热。

（五）燃烧产生腐蚀性气体的废料

燃烧时产生腐蚀性气体的废料，例如，含有卤素的高沸点下脚料，不得在锅炉内焚烧，可以在旷野地焚烧。其方法：在空旷地上挖一深约 0.5m、直径 1.5m 的坑，将废料倒入约一半深浅，用长约 3m 的细铁棒，顶端扎纱头，浸以汽油，点燃后，人在 2m 外将坑内废料点燃，周围 10m 内不得站人或存放可燃物，待其烧完。不过，此法对空气有污染，应远离人口密集区。

（六）可燃固体废弃物

可燃固体废弃物可掺进煤中焚烧，但不得含有爆炸品及大量腐蚀性物质。含爆炸性物质的废料，应按销毁爆炸品的办法处理。

二、中和法

酸性或碱性的废溶液大多采用中和法。对于不燃液体，中和比较安全。但是有些废液含有易燃液体，中和时产生的热量会使易燃液体挥发，易形成爆炸性混合物，增加危险性。因此，中和速度宜慢，不要太热，同时电器系统要防爆。经中和后，如果易燃物质含量很低，可用生化曝气法处理。如果含有大量易燃物，可按上述焚烧法处理。中和后，废液中往往含有较多的无机盐，因此一般不宜在锅炉里焚烧。

三、分解法

常用的分解法有两种：一是加入其他物质与之发生化学反应，分解成无害物质，例如，用次氯酸碱性溶液处理 CN-，一般无燃烧爆炸危险；二是设专用设备，用高温（辅以触媒）使有害物分解成无害物。此法的安全性取决于工艺是否合理，设备、仪表是否正常。如果既有高温又有高压的设备，可能有爆炸危险，影响附近易燃危险品的安全，即使其本身没有燃烧危险，也要考虑防护设施和安全距离。

第五节　常见危险化学品的急救处理

一、强酸

皮肤沾染后用大量清水冲洗，或用小苏打、肥皂水洗涤，必要时敷烧伤软膏；溅入眼睛用温水冲洗后，再用 5% 的小苏打溶液或硼酸水洗；进入口内，立即用大量水漱口，服大量冷开水催吐，或用氧化镁悬浊液洗胃；吸入中毒后，应立即移至空气新鲜处，保持体温，必要时吸氧。

（一）硝酸

（1）外观与性状。纯品为无色透明发烟液体，有酸味，工业品呈黄色，与水以任意比例互溶。不稳定、易分解，与大多数金属反应。浓硝酸可用铝制容器盛放（稀硝酸禁用）。温度增加，其腐蚀性增强，可腐蚀不锈钢。

（2）危害。其蒸气有刺激作用，可引起眼睛和上呼吸道刺激症状，如流泪、咽喉刺激感、呛咳，并伴有头痛、头晕、胸闷等。口服引起腹部剧痛，严重者可有胃穿孔、腹膜炎、肾损害、休克以及窒息。皮肤接触后会引起灼伤。

（3）危险特性。硝酸为强氧化剂，能与多种物质如金属粉末、电石、硫化氢、松节油等猛烈反应，甚至发生爆炸。与纤维素、木屑、棉花、稻草或废纱头等接触，可引起燃烧并散发出具有剧毒的棕色烟雾。具有强腐蚀性。

（4）灭火方法。消防人员必须穿全身耐酸、碱消防服，采用雾状水、二氧化碳、沙土灭火剂。

（5）急救措施。皮肤接触后，要立即脱去被污染的衣着，用大量流动清水冲洗至少 15min，就医；眼睛接触后，立即提起眼睑，用大量流动清水或生理盐水彻底冲洗至少 15min，就医；误服者用水漱口，给饮牛奶或蛋清，就医。

（二）硫酸

（1）外观与性状。纯品为无色透明较黏稠液体，有酸味，比水重，与水以任意比例互溶。与大多数金属反应。浓硫酸可用铁制容器盛放（稀硫酸禁用）。

（2）危害。对皮肤、黏膜等组织有强烈的刺激和腐蚀作用，其蒸气或雾可引起呼吸道刺激，重者发生呼吸困难和肺水肿，高浓度可引起喉痉挛或声门水肿而窒息死亡。口服后，会引起消化道烧伤以致形成溃疡；严重者可能造成胃穿孔、腹膜炎、肾损害、休克等。皮肤灼伤，轻者可出现红斑，重者形成溃疡。溅入眼内，可造成灼伤以至失明。长期慢性影响作用，可导致牙齿酸蚀症、慢性支气管炎、肺气肿和肺硬化。

（3）危险特性。浓硫酸遇水大量放热，可发生沸溅。与易燃物（如苯）和可燃物（如糖、纤维素等）接触会发生剧烈反应，甚至引起燃烧。遇电石、高氯酸盐、硝酸盐、苦味酸盐、金属粉末等猛烈反应，发生爆炸或燃烧。有强烈的腐蚀性和吸水性。

（4）灭火方法。消防人员必须穿全身耐酸、碱消防服，采用干粉、二氧化碳、沙土灭火剂。避免水流冲击物品，以免遇水放出大量热量而发生喷溅致灼伤皮肤。

（5）泄漏应急处理。

①迅速将泄漏污染区人员撤离至安全区，并进行隔离，严格限制出入。

②应急处理人员戴呼吸器，穿防酸碱工作服，不要直接接触泄漏物。

③尽可能切断泄漏源，防止进入下水道、排洪沟等限制性空间。

④少量泄漏时，用沙土、干燥石灰或苏打灰混合覆盖，也可以用大量水冲洗，洗水稀释后放入废水系统；大量泄漏时，先构筑围堤或挖坑收容，再用泵转移至槽车或专用收集器内，回收或运至废物处理场所处置。

（6）急救措施。皮肤接触，立即脱去衣着，用软布轻轻擦去后，用大量流动清水冲洗至少 15min，就医；眼睛接触，立即提起眼睑，用软布轻轻将硫酸擦去，再用大量流动清水或生理盐水彻底冲洗至少 15min，就医。

（7）储运注意事项。储存于阴凉、干燥、通风良好的仓库；应与易燃或可燃物、碱类、金属粉末等分开存放；不可混储混运；相关人员要戴橡胶耐酸碱手套和穿橡胶耐酸、碱防护服。

（三）盐酸

（1）外观与性状。无色或淡黄色发烟液体，有刺鼻酸味。

（2）危害。接触其蒸气或烟雾可引起急性中毒，出现眼结膜炎、鼻及口腔黏膜有烧灼感、牙龈出血、气管炎等；误服可引起消化道灼伤、形成溃疡等；眼和皮肤接触可致灼伤。

（3）急救措施。皮肤接触，立即脱去被污染的衣着，用大量流动清水冲洗至少 15min，就医；眼睛接触，立即提起眼睑，用大量流动清水或生理盐水彻底冲洗至少 15min，就医；误服者，用水漱口，给饮牛奶或蛋清，就医。

（4）泄漏应急处理。

二、强碱

接触皮肤后，要用大量清水冲洗，或用硼酸水、稀乙酸冲洗后涂氧化锌软膏；触及眼睛后，立即用温水冲洗；吸入中毒者（氨水），移至空气新鲜处；严重者送医院治疗。

（一）氢氧化钠（烧碱）

（1）外观与性状。白色不透明固体，易潮解。

（2）危害。本品有强烈的刺激性和腐蚀性。其粉尘刺激眼睛和呼吸道，腐蚀鼻中隔；皮肤和眼直接接触可引起灼伤；误服可造成消化道灼伤、黏膜糜烂、出血和休克。

（3）急救处理。皮肤接触，立即脱去被污染的衣着，用大量流动清水冲洗至少15min，就医；眼睛接触，立即提起眼睑，用大量流动清水或生理盐水彻底冲洗至少15min，就医。

氢氧化钠可与酸发生中和反应放热，遇潮湿时，对铝、锌和锡有腐蚀性，并放出易燃易爆的氢气。虽然本品不会燃烧，但其遇水和水蒸气大量放热，并形成腐蚀性溶液。

（4）泄漏的处理。用水、沙土扑救，但须防止该类物品遇水喷射飞溅，而对人体造成灼伤。

（二）氢氧化钾

与氢氧化钠基本相同。

三、其他常见危险化学品的急救处理

（一）氰化钾

（1）外观与性状。白色结晶或粉末，易潮解、剧毒。

（2）主要用途。用以提炼金、银等贵重金属和淬火、电镀、医药品、杀虫剂等。

（3）危害。抑制呼吸酶，造成细胞内窒息。吸入、口服或经皮吸收均可引起急性中毒，50～100mg即可引起猝死。长期接触小量氰化物会使人体出现神经衰弱综合征、眼及上呼吸道刺激，也可引起皮疹、皮肤溃疡等。

（4）急救措施。皮肤接触，立即脱去被污染的衣着，用流动清水或5%硫代硫酸钠溶液彻底冲洗至少20min后就医；食入，饮足量温水催吐，用稀高锰酸钾或5%硫代硫酸钠溶液洗胃。

（5）大量泄漏的处理。用硫代硫酸钠、氯化亚铁或三氯化铁溶液进行无害化处理，使其与氰化钾形成无毒的配合物，消除其毒性；也可以用次氯酸钠或高锰酸钾氧化剂进行氧化处理，使其分解为无毒的物质。

（二）三氧化二砷（砒霜）

（1）用途。用于玻璃、搪瓷、颜料工业和杀虫剂、皮革保存剂等。

（2）危害。主要影响神经系统和毛细血管通透性，对皮肤和黏膜有刺激作用。

（3）急性中毒。口服中毒表现为恶心、呕吐、腹痛、四肢痛性痉挛；少尿或无尿；昏迷、抽搐、呼吸麻痹而死亡。可在急性中毒的 1～3 周内发生周围神经病，还可发生中毒性心肌炎、肝炎。大量吸入亦可引起急性中毒，但消化道症状轻，指（趾）甲上出现 m 氏纹。慢性中毒后，会出现消化系统症状、肝肾损害、皮肤色素沉着、角化过度以及多发性周围神经炎，可致肺癌、皮肤癌。

（三）酒精（乙醇）

（1）毒性。吸入、食入或经皮肤吸收，使中枢神经系统抑制，首先引起兴奋，随后抑制。

①急性中毒。多发生于口服。一般可分为兴奋、催眠、麻醉、窒息四阶段，患者进入第三或第四阶段，会出现意识丧失、瞳孔扩大、呼吸不规律、休克、心力循环衰竭及呼吸停止。

②慢性影响。长期接触高浓度酒精可引起鼻、眼、黏膜刺激症状，会出现头痛、头晕、疲乏、易激动、震颤、恶心等。长期酗酒可引起多发性神经病、慢性胃炎、脂肪肝、肝硬化、心肌损害及器质性精神病等。皮肤长期接触可引起干燥、脱屑和皮炎。

（2）危险特性。闪点 11℃，易燃，爆炸极限为 3.3%～19.0%，引燃温度为 363℃。其蒸气与空气可形成爆炸性混合物，遇明火、高热能会引起燃烧爆炸。与氧化剂接触可发生化学反应或引起燃烧。在火场中，受热的酒精容器有爆炸危险。其蒸气比空气重，能在较低处扩散到相当远的地方，遇明火会引着回燃。

（3）灭火方法。尽可能将容器从火场移至空旷处，并喷水保持火场容器冷却，直至灭火结束。采用抗溶性泡沫、干粉、二氧化碳、沙土灭火剂。

（4）泄漏应急处理。

①迅速使人员撤离至安全区，并进行隔离，严格限制出入。

②切断火源，尽可能切断泄漏源，防止进入下水道、排洪沟等限制性空间。

③少量泄漏时，用沙土或其他不燃材料吸附或吸收，也可以用大量水冲洗，洗水稀释后放入废水系统。

大量泄漏时，先构筑围堤或挖坑收容，再用泡沫覆盖，降低蒸气灾害，然后用防爆泵转移至槽车或专用收集器内，回收或运至废物处理场所处置。

（四）甲醛溶液

皮肤接触后，先用大量水冲洗，再用酒精清洗后涂甘油；呼吸中毒可移到新鲜空气处，然后吸入雾化的 2% 碳酸氢钠溶液，以解除呼吸道刺激，然后送医院治疗。甲醛泄漏后，可用漂白粉加 5 倍水浸湿污染处，因为甲醛可以被漂白粉氧化成甲酸，然后再用水冲洗干净。

（五）高氯酸

皮肤沾染后用大量温水及肥皂水冲洗，进入眼内用温水或稀硼酸水冲洗。

第四章　实验室废弃物的处理

实验室废弃物是指实验过程中产生的"三废"（废气、废液、固体废物）物质、实验用剧毒物品、麻醉品、化学药品残留物、放射性废弃物、实验动物尸体及器官、病原微生物标本以及对环境有污染的废弃物。

与工业"三废"相比，实验室废弃物数量上较少，但其种类多、成分复杂、具有多重危害性，如燃、爆、腐蚀、毒害等。由于不便集中处理，实验室废弃物处理成本高、风险大。长期以来，实验室处理废弃物，除剧毒物质外，废液、废气等几乎都是稀释一下就自然排放了，对待固体废物则按生活垃圾处理。经过长时间的积累后，这些废弃物会对周边的水环境、大气环境、土壤环境、生态环境和人体健康造成严重影响。因此，必须加强对实验室废弃物的管理，正确处置、处理实验废弃物。

我国颁布了多项法律法规，如《中华人民共和国环境保护法》《中华人民共和国废弃物污染环境防治法》《中华人民共和国水污染防治法》《病原微生物实验室生物安全环境管理条例》《废弃危险化学品污染环境防治办法》（国家环境保护总局令第27号）等，从法律上、制度上来保证和规范对实验室废弃物的管理。

第一节　实验室废弃物的一般处理原则

一、处理实验废弃物的一般程序

处理实验废弃物的一般程序可分为下述四步。

（1）鉴别废弃物及其危害性；

（2）系统收集、储存实验废弃物；

（3）采用适当的方法处理废弃物以减少废弃物的数量；

（4）正确处置废弃物。

二、实验废弃物及其危害性的鉴别

实验废弃物及其危害性的识别对实验室废弃物的收集、存放、处理、处置至关重要。了解实验废弃物的组成及危害性为正确处置这些废弃物提供了必需的信息。可按下面方法对实验废弃物进行鉴别。

（一）做好已知成分废弃物的标记

养成对实验废弃物的成分进行标记的习惯，不论废弃物的量是多少，在盛放废弃物的容器上标明它的成分及可能具有的危害性及贮存时间，这将为安全处置废弃物提供便利。

（二）鉴别、评估未知成分废弃物

对于不明成分的废弃物，可通过简单的实验测试其危害性。我国颁布了《危险废物鉴别标准》（GB 5085.1~3—1996），规定了腐蚀性鉴别、急性毒性初筛和浸出毒性、危险废物的反应性、易燃性、感染性等危险特性的鉴别标准。对于其他危害性目前还没有制定相应的鉴定标准，鉴定时只能参考国外的有关标准。

（三）废弃物的收集和储存

在实验废弃物处理过程中，不可避免地涉及收集和储存的问题。在废弃物收集和储存时需要注意下面的问题。

（1）使用专门的储存装置，放置在指定地点。

（2）相容的废弃物可以收集在一起，不具相容性的实验室废弃物应分别收集贮存。切忌将不相容的废弃物放在一起。

（3）做好废弃物标签，将标签牢固贴在容器上。标签的内容应该包括组分及含量、危害性、开始存储日期及储缓日期、地点、存储人及电话。

（4）避免废弃物储存时间过长。一般不要超过1年。应及时做无害化处理或送专业部门处理。

（5）对感染性废弃物或有毒有害生物性废物，应根据其特性选择合适的容器和地点，专人分类收集进行消毒、烧毁处理，需日产日清。

（6）对无毒无害的生物性废弃物，不得随意丢弃，实验完成后将废弃物装入统一的塑料袋密封后贴上标签，存放在规定的容器和地点，定期集中深埋或焚烧处理。

（7）高危类剧毒品、放射性废物必须按相关管理要求单独管理储存，单独收集清运。

（8）回收使用的废弃物容器一定要清洗后再用，废弃不用的容器也需要作为废弃物处理。

（四）废弃物的再利用及减害处理

实验废弃物应先进行减害性预处理或回收利用，采取措施减少废弃物的体积、重量和危险程度，以降低后续处置的负荷。

（1）回收再利用废弃的试剂和实验材料。对用量大、组分不复杂、溶剂单一的有机废液可以利用蒸馏等手段回收溶剂；对玻璃、铝箔、锡箔、塑料等实验器材、容器也尽量回收利用。

（2）废弃物的减容、减害处理。通过安全适当的方法浓缩废液；利用化学反应，如酸碱中和、沉淀反应等消除或降低其危害性；拆解固体废弃物在实现废弃物的减容减量的同时，实现资源的回收利用等。

在对废弃物的再利用及减害处理过程中，需要注意做好个人防护措施。

（五）废弃物的正确处置

对于经过减害处理过的废气可以排放到空气中；对于经过灭菌处理的生物、医学研究废物可按一般生活垃圾处理；对减害处理后，重金属离子浓度和有机物含量TOC达到排放标准的不含有机氯的废液可直接排放至城市下水管网中；其他有害废弃物，如含氯的有机物、传染性物质、毒性物质、达不到排放标准的物质等，需要将这些废弃物交由合法的、有资质的专业废弃物处理机构处理。

焚烧是处理废弃物，尤其是有害废弃物的一种办法，但对废弃物的焚烧必须取得公共卫生机构和环卫部门的批准。焚烧废弃物时，应使用二级焚烧室，温度设置在1000℃以上，焚烧后的灰爆可作生活垃圾处理。

第二节　化学实验室废弃物的处理

一、化学实验室废弃物分类

化学实验室废弃物为可分为废气、有机废液、无机废液、有机固体废弃物、固体废弃物、超过有效使用期限或已经变质的化学品及空试剂瓶等。

二、污染源的控制

为减少对环境的污染，实验室教学和科研活动应采用无污染或少污染的新工艺、新设备，采用无毒无害或低毒低害的原材料，尽可能减少危险化学物品的使用，以防止新污染源的产生。在进行试验时，可将常规量改为微量，既节约药品、减少废物生成，又安全。

使用易挥发化学品的实验操作必须在通风橱内进行。

实验室应定期清理多余试剂，按需购置化学试剂、药品，鼓励各实验室之间交换共享，尽可能减少试剂和药品的重复购置和闲置浪费现象。

在保证安全的前提下，回收有机溶剂，浓缩废液使之减容，利用沉淀、中和、氧化还原、吸附、离子交换等方法对废弃物进行无害化或减害处理。

三、实验废弃物的收集与储存

（一）收集实验废弃物的注意事项

（1）实验室废液应根据其中主要有毒有害成分的品种与理化性质分类收集，装入专用的废液桶或废物袋中（一般废液不超过容器容积的 70% ~ 80%）。

（2）在收集容器上贴上废弃物登记标签，标签上应有明确标示出有毒有害成分的全称或化学式（不可写简称或缩写）以及大致含量、收集日期、收集人及电话。同时将该废弃物收集信息登记在专用的"化学废弃物记录单"中，以备查用。

（二）实验废弃物储存时的注意事项

（1）化学性质相抵触或灭火方法相抵触的废弃物不得混装，要分开包装、分开存储。如氰化物、硫化物、氟化物与酸，有机物与强氧化剂等均不可相互混合。

（2）收集的废液、固体废弃物应放置在专门的区域，与实验操作区隔离，并保证阴凉、干燥、通风。

四、化学实验废弃物的处置与管理

（一）一般废弃物的处置与管理

（1）实验室的废弃化学试剂和实验产生的有毒有害废液、废物，严禁向下水口倾倒。

（2）不可将废弃的化学试剂及沾染危险废物的实验器具放在楼道等公共场合。

（3）不得将危险废物（含沾染危险废物的实验用具）混入生活垃圾和其他非危险废物中贮存。

（4）不含有毒有害成分的酸、碱、无机废液（如盐酸、氢氧化钠等）可经适当中和、充分稀释后排放。

（5）提倡对废液进行安全无害的浓缩处理，提倡提纯回收有机溶剂再利用。

（6）接触危险废物的实验室器皿（包括损毁玻璃器皿、空试剂瓶）、包装物等，必须完全消除危害后，才能改为他用，或集中回收处理。

（7）不能处理的废弃物交给本单位相关管理人员，委托有资质的废弃物处理机构处置。

（8）禁止将废弃化学药品提供或委托给无许可证的单位从事收集、贮存、处置等活动。

（二）管制类废弃物的处置与管理

（1）废弃剧毒化学品应填写"废弃剧毒试剂登记表"，交到本单位相关管理人员及设备管理处，由专人负责与主管部门联系处理。

（2）放射性废弃物是管制物品，不可擅自处理。

五、常见化学废弃物的减害处理方法

（一）无机废液

（1）无机酸类：用过量含碳酸钠或氢氧化钙的水溶液或废碱液中和。

（2）含氢氧化钠、氨水的废液：用盐酸水溶液中和，稀释至 pH 值 6～8。

（3）含氟废液：加入消石灰乳（氢氧化钙浆）至碱性，放置过夜，过滤。

（4）含铬废液：先在酸性条件下加入硫酸亚铁将 Cr（Ⅵ）还原为 Cr（Ⅲ），再投入碱使之沉淀为 Cr（OH）3，进行再利用。

（5）含汞废液：可调节 pH 值至 6～10 后，加入过量硫化钠使之沉淀。

（6）含砷废液：加入 Fe3+ 及石灰乳使之沉淀，分离。

（7）含氰废液：务必先将 pH 值调至碱性，加入硫代硫酸钠、硫酸亚铁、次氯酸钠、高锰酸钾使之生成硫氰酸盐。

（8）含多种重金属离子废液:将其转化为难溶于水的氢氧化物或硫化物沉淀除去。

2. 有机废液

（1）不含卤素的有机溶剂：易被生物分解的可稀释后直接排放，难分解的可送至专业机构焚烧，含有重金属的对其氧化分解后按无机类废液处理。

（2）含氮、硫、卤素类的有机溶剂：一般送至专业机构焚烧，焚烧时必须采取措施除去其燃烧产生的有害气体，难燃的物质则采取萃取、吸附及水解处理。

（3）油脂类：送至专业机构焚烧。

3. 废气

对毒害性大的废气可采用冷凝、吸收、吸附、燃烧、反应、过滤器过滤等净化措施处理。

第三节　生物安全实验室废弃物的处理

生物安全实验室废弃物主要是指病原微生物操作产生的废弃物。病原微生物操作产生的废弃物的处理应遵循我国《中华人民共和国传染病防治法》和《中华人民共和国固体废物污染环境防治法》所制定的《医疗废物管理条例》（2003年）。应当制定规章制度和应急方案；及时检查、督促、落实废弃物的管理工作。废弃物收集、运送、贮存、处置等相关工作人员和管理人员，应进行相关法律和专业技术、安全防护以及紧急处理等知识的培训。并配备必要的防护用品，定期进行健康检查及免疫接种。

应执行废弃物转移联单管理制度。对废弃物的来源、种类、重量或者数量、交接时间、处置方法、最终去向以及经办人签名等项目予以登记。登记资料至少保存3年。发生医疗废物流失、泄漏、扩散时，医疗卫生机构和医疗废物集中处置单位应当采取减少危害的紧急处理措施，对致病人员提供医疗救护和现场救援；同时向所在地的卫生行政主管部门、环境保护行政主管部门报告，并向可能受到危害的单位和居民通报。

禁止转让、买卖医疗废物。禁止在非贮存地点倾倒、堆放医疗废物或将其混入其他废物和生活垃圾。禁止邮寄，或在饮用水源保护区的水体上、铁路、航空运输，或与旅客在同一运输工具上运载医疗废物。

病原体的培养基、标本和菌种、毒种保存液属于《医疗废物管理条例》中的高危险废弃物，应当就地消毒。排泄物应严格消毒后，方可排入污水处理系统。使用后的一次性医疗器具和容易致人损伤的医疗废物，应当消毒并作毁形处理。能够焚烧的，应当及时焚烧；不能焚烧的，消毒后集中填埋。

违反相关规定者，将依据情节严重程度不同而遭到行政处罚，直至承担相应的民事或刑事责任。

一、生物安全实验室废弃物处理的原则

生物安全实验室废弃物是指将要丢弃的所有物品，这些废弃物需要进行分类处理。生物安全实验室废弃物处理的原则是所有感染性材料必须在实验室内清除污染、高压灭菌或焚烧。

（1）实验人员完成实验后将废弃物进行分类处理；

（2）实验人员将感染性废弃物进行有效消毒或灭菌处理或焚烧处理；

（3）实验人员将未清除污染的废弃物进行包裹后存放到指定位置，以便进行后续处理；

（4）在感染性废弃物处理过程中避免人员受到伤害或环境被破坏。

生物安全实验室废弃物清除污染的首选方法是高压蒸汽灭菌。废弃物应装在特定容器中（根据内容物是否需要进行高压蒸汽灭菌和/或焚烧而采用不同颜色标记的可以高压灭菌的塑料袋），也可采用其他替代方法。

二、生物安全实验室废弃物的处理和丢弃程序

（一）先进行鉴别并分别进行处理

废弃物可以分成以下几类：

（1）可重复使用的非污染性物品；

（2）污染性锐器——注射针头、手术刀、刀及碎玻璃，这些废弃物应收集在带盖的不易刺破的容器内，并按感染性物质处理；

（3）通过高压灭菌和清洗来清除污染后重复或再使用的污染材料；

（4）高压灭菌后丢弃的污染材料；

（5）直接焚烧的污染材料。

（二）不同种类的废弃物的处理程序

这里主要对于生物实验室特有的废弃物进行介绍，关于有毒实验废弃物和放射性废弃物的管理详见本章相关部分的介绍。

（1）生物活性实验材料：实验废弃的生物活性实验材料特别是细胞和微生物（细

菌、真菌和病毒等）必须及时灭活和进行消毒处理。

（2）固体培养基等要采用高压灭菌处理，未经有效处理的固体废弃物不能作为日常垃圾处置。

（3）液体废弃物如细菌等需用 15% 次氯酸钠消毒 30min，稀释后排放，最大限度地减轻因此对周围环境的影响。

（4）动物尸体或被解的动物器官需及时进行妥善处置，禁止随意丢弃动物尸体与器官。无论在动物房或实验室，凡废弃的实验动物或器官必须按要求消毒，并用专用塑料袋密封后冷冻储存，统一送有关部门集中焚烧处理。严禁随意堆放动物排泄物，与动物有关的垃圾必须存放在指定的塑料垃圾袋内，并及时用过氧乙酸消毒处理后方可运出。

（5）实验器械与耗材：吸头、吸管、离心管、注射器、手套及包装等塑料制品应使用特制的耐高压超薄塑料容器收集，定期灭菌后，回收处理。

（6）废弃的玻璃制品和金属物品应使用专用容器分类收集，统一回收处理。

（7）注射针头用过后不应再重复使用，应放在盛放锐器的一次性容器内焚烧，如需要可先高压灭菌。盛放锐器的容器不能装得过满，当达到容量的 3/4 时，应将其放入"感染性废弃物"的容器中进行焚烧，可先进行高压灭菌处理。

（7）高压灭菌后重复使用的污染（有潜在感染性）材料必须在高压灭菌或消毒后进行清洗、重复使用。

（8）应在每个工作台上放置盛放废弃物的容器、盘子或广口瓶，最好是不易破碎的容器（如塑料制品）。当使用消毒剂时，应使废弃物充分接触消毒剂（不能有气泡阻隔），并根据所使用消毒剂的不同保持适当接触时间。盛放废弃物的容器在重新使用前应高压灭菌并清洗。

三、高压处理的分类及高压处理前的准备

（一）高压处理的分类

1. 可以用来高压处理的物品

（1）感染性的标本和培养物。

（2）培养皿和相关的材料。

（3）需要丢弃的活的疫苗。

（4）污染的固体物品（移液管、毛巾等）。

2. 不能用来高压处理的物品

（1）化学性和放射性废物。

（2）某些外科手术器械。

（3）某些锐器。

（二）高压处理前的准备

（1）必须使用特定的耐高压包装袋。

（2）包装袋不能装得过满。

（3）能够重复使用的物品高压处理时需要和液体的物品分开放置。

（4）如果袋子外面被污染，需要用双层袋子。

（5）所有的有生物材料的长颈瓶需要用铝箔进行封口。

（6）所有的物品均需要有标签。

（7）最好是专人负责高压锅的使用，使用人使用前必须学会：①如何正确开关机；②做好个人防护；③正确区分物品是否可以高压处理并确认包装是否正确；④超过50L 的高压操作人员要有高压锅操作岗位证书。

第四节　放射性污染与放射性废物的处理

一、放射性污染的处理

在放射性物质生产和使用的过程中，时常会发生人体表面和其他物体表面受到污染的现象，不但影响操作者本身的健康，也会污染周围的环境。一般的轻微污染，即那些放射毒性较低、污染量较小的事件，在一定的时间和条件支持下，可以进行相应的清洗，清洗污染的过程越早进行效果越好。如果污染情况较为严重，特别是有人员损伤的情况下，应属于放射性事故，应参照放射性事故应急处理程序进行处置。

常规轻微的放射性污染清理处置的方法如下。

（1）工作室表面污染后，应根据表面材料的性质及污染情况，选用适当的清洗方法。一般先用水及去污粉或肥皂刷洗，若污染严重则考虑用稀盐酸或柠檬酸溶液冲洗，或刮去表面或更换材料。

（2）手和皮肤受到污染时，要立即用肥皂、洗涤剂、高锰酸钾、柠檬酸等清洗，也可用1%二乙胺四乙酸钙和88%的水混合后擦洗；头发如有污染也应用温水加肥皂清洗。不宜用有机溶剂及较浓的酸清洗，这样做会促使污染物进入体内。

（3）对于吸入放射性核素的人，可用0.25%肾上腺素喷射上呼吸道或用1%麻黄素滴鼻使血管收缩，然后用大量生理盐水洗鼻、漱口，也可用祛痰剂（氯化铵、碘化钾）排痰，眼睛、鼻孔、耳朵也要用生理盐水冲洗。

（4）清除工作服上的污染时，如果污染不严重，及时用普通清洗法即可；污染严重时，不宜用手洗，要用高效洗涤剂，如用草酸和磷酸钠的混合液。如果一时找不到这些清洗剂，可将受污染的衣物先封存在一个大塑料袋内，以避免大面积污染。

（5）有些污染不适合使用上述方法清洗，应咨询专家，具体分析污染内容再做处理。

二、放射性废物的管理与处置

放射性废物是指含有放射性核素或被放射性污染，其活度和浓度大于国家规定的清洁控制水平，并预计不可再利用的物质。生产、研究和使用放射性物质以及处理、整备（固化、包装）、退役等过程都会产生放射性废物。

对放射性废物中的放射性物质，现在还没有有效的方法将其破坏，以使其放射性消失。目前只是利用放射性自然衰减的特性，采用在较长的时间内将其封闭，使放射强度逐渐减弱的方法，达到消除放射污染的目的。

（一）放射性废物的储存

实验室应有放射性废物存放的专用容器，并应防止泄漏或玷污，存放地点还应有效屏蔽防止外照射。放射性废物的存放应与其他废物分开，不可将任何放射性废物投入非放射性垃圾桶或下水道。

放射性废物的储存要防止丢失，包装完整易于存取，包装上一定要标明放射性废物的核素名称、活度、其他有害成分以及使用者和日期。应经常对存放地点进行检查和监测，防止泄漏事故的发生。

放射性废物在实验室临时存放的时间不要过长，应按照主管部门的要求送往专门储存和处理放射性废物的单位进行处置。

（二）放射性废物的处理

放射性废物处理的目的是降低废物的放射性水平和危害，减小废物处理的体积。

在实际放射性工作中，合理设计实验流程，合理使用放射性设备、试剂和材料，尽量能做到回收再利用，尽量减少放射性废物的产生量。优化设计废物处理，防止处理过程中的二次污染；放射性废物要按类别和等级分别处理，从而便于储存和进一步深化处理。

1. 放射性液体废物的处理

（1）稀释排放。对符合我国《放射防护规定》中规定浓度的废水，可以采用稀释排放的方法直接排放，否则应经专门净化处理。

（2）浓缩贮存。对半衰期较短的放射性废液可直接在专门容器中封装贮存，经一段时间，待其放射强度降低后，可稀释排放。对半衰期长或放射强度高的废液，可使用浓缩后贮存的方法。通过沉淀法、离子交换法和蒸发法浓缩手段，将放射物质浓集到较小的体积，再用专门容器贮存或经固化处理后深埋或贮存于地下，使其自然衰变。

（3）回收利用。在放射性废液中常含有许多有用物质，因此应尽可能回收利用。这样做既不浪费资源，又可减少污染物的排放。可以通过循环使用废水，回收废液中某些放射性物质，并在工业、医疗、科研等领域进行回收利用。

2. 放射性固体废物的处理

对可燃性固体废物可通过高温焚烧大幅度减容，同时使放射性物质聚集在灰爆中。焚烧后的灰可在密封的金属容器中封存，也可进行固化处理。采用焚烧方式处理，需要有良好的废气净化系统，因而费用高昂。

对无回收价值的金属制品，还可在感应炉中熔化，使放射性被固封在金属块内。

经压缩、焚烧减容后的放射性固体废物可封装在专门的容器中，或固化在沥青、水泥、玻璃中，然后将其埋藏在地下或贮存于设于地下的混凝土结构的安全贮存库中。

3. 放射性气体废物的处理

对于低放射性废气，特别是含有半衰期短的放射物质的低放射性废气，一般可以通过高烟筒直接稀释排放。

对于含有粉尘或含有半衰期长的放射性物质的废气，则需经过一定的处理，如用高效过滤的方法除去粉尘，碱液吸收去除放射性碘，用活性炭吸附碘、氮、氙等。经处理后的气体仍需通过高烟筒稀释排放。

第五章 实验室安全事故的应急处理

实验室事故不仅危害人民生命安全、造成巨大的经济损失，而且易引起实验室工作人员的恐惧心理，因此应根据"安全第一，预防为主"的原则，保障实验室工作人员安全，促进实验室各项工作顺利开展，防范安全事故发生；对因操作不当而可能引发的灾害性事故，要有充分的思想准备和应变措施，确保实验室在发生事故后，能科学有效地实施处理，切实有效降低事故的危害。

化学实验安全事故的主要类型：第一类是化学药品中毒和窒息事故，有毒的化学物质，不论是脂溶性的还是水溶性的，如重金属盐、苯、硫化氢、一氧化碳等，稍有不慎摄入人体即能引起中毒甚至危及生命；第二类是火灾事故；第三类是爆炸事故，易燃易爆物品如过氧化钠、汽油、苯、三硝基甲苯等在常温常压下，经撞击、摩擦、热源、火花等火源的作用，能发生燃烧与爆炸；第四类是外伤（割伤、灼伤、冻伤、电击伤）；第五类是放射性物质中毒。实验时发生险情，受伤的可能不仅仅是实验室的工作人员，损失的可能不仅仅是实验室的设备，考验的不仅仅是实验室平时的管理，还有实验室的应急处理能力。要让每一个实验室工作人员增强自我保护意识，提高他们对付突发性灾害的应变能力，做到遇灾不慌、临阵不乱、正确判断、正确处理、减少伤亡。

发生化学实验安全事故的处理程序为：当发生火灾和化学或放射性物质泄漏事故时，先自行选用合适的方法进行处理，同时打急救电话（119）求救，讲清报告人的姓名、发生事件的地点、事件的原因、此事件可能会引起的后果；若有人受伤或中毒，先采取措施进行应急救援，同时拨打120，送医院治疗。以下将按照化学实验室易发生的几种安全事故发生时需采用的应急处理分别加以介绍。

第一节　事故概述

一、事故的概念

事故是工作（生产活动）过程中发生的意外突发性事件的总称，通常会使正常活动中断，造成人员伤亡或财产损失。理解事故概念的要点有以下三个方面。

（1）事故是意外的突发性事件。

（2）事故是与人的意志相反（人不希望发生）的事件，是"灾祸"，往往造成人员伤亡或财产损失。

（3）事故不是预谋或有意制造的事件（与人为破坏、犯罪行为相区别）。

二、事故的特点

（1）因果性。事故不会无缘无故发生，必然由一定的原因引起。一般来说，事故的发生是由存在的各种危险因素相互作用的结果。劳动生产中的伤亡事故是由物和环境的不安全状态、人的不安全行为及管理缺陷共同作用引起的。

（2）必然性、偶然性和规律性。从宏观上讲，事故的发生是必然的，因果性导致必然性。职业危险因素是生产劳动的伴生物，是普遍存在的，只不过有多少、轻重、引发事故的概率大小的区别。从微观上讲，事故发生在何时、何地、何人身上，造成什么后果等却具有偶然性，即事故发生是随机的。在事故的必然性中又包含着规律性。通过深入探查、分析事故原因，进而发现事故发生的客观规律，就可以为预防事故发生提供依据。

（3）潜在性、再现性。潜在性是指事故在尚未发生之前，就可能存在一些"隐患"（一般不明显），不易引起人们的重视，但在一定条件下就可能引起事故，这往往会造成人们对事故发生的麻痹心理。

虽然完全相同的事故几乎不可能发生，但是如果不能找出发生事故的真正原因，并采取措施消除这些因素，就可能发生类似事故，这就是事故的再现性。

（4）可预防性。事故是可以预防的，只要正确掌握可能导致事故的各种危险因素，就可以推断它们发展演变的规律和可能产生的后果。事故预测的目的在于识别和控制危险，预先采取对策，最大限度地减少事故的发生。认识到这一特性，对坚定信心，防止伤亡事故发生有很大的促进作用。

三、对待事故的正确态度

针对以上特点，对事故的正确态度：坚持"安全第一，预防为主，综合治理"的方针，常备不懈，居安思危，把工作重点放到预测、预防事故上来。

（1）事故的随机性表明事故的发生服从统计规律，因而可以用数理统计方法进行分析预测，找出事故发生、发展的规律，从而为预防事故发生提供依据。

（2）在事故发生之前，要特别重视、充分辨识潜在的危险因素，并采取措施进行控制、消除，最大限度地防止事故隐患转化为事故。

（3）发生事故之后，要从物（包括环境）、人、管理三个方面查找原因，只有找到事故的真正的全部的原因，并有针对性地控制、消除这些原因，才能防止同类事故的重复发生。

四、事故的分类

（1）按照我国现行的事故归口管理，可将事故的类型分为以下六大类。

①道路交通事故，由公安部交通管理局归口管理。

②火灾事故，由公安部消防局归口管理。

③水上交通事故，由交通部海事局归口管理。

④铁路事故，由铁道部归口管理。

⑤航空事故，由民航总局归口管理。

⑥企业职工伤亡事故，由国家安全生产监督管理局归口管理。危险化学品事故归入此类。

（2）企业职工伤亡事故按事故的危害程度分类如下。

①轻伤：只有轻伤的事故，指损失 1 ~ 105 个工作日的失能伤害。

②重伤：只有重伤的事故，指损失 6000 个工作日的失能伤害。

③死亡事故：指一次死亡 1 ~ 2 人的事故。

④重大伤亡事故：指一次事故死亡 3 ~ 9 人的事故。

⑤特大伤亡事故：指一次事故死亡 10 人及以上的事故。

⑥特别重大事故：《特别重大事故调查程序暂行规定》（国务院令第 34 号）中的

特别重大事故是指，"造成特别重大人身伤亡或者巨大经济损失以及性质特别严重、产生重大影响的事故"。

五、与事故相关的主要法规和标准

1. 主要法规

（1）《特别重大事故调查程序暂行规定》（国务院令第 34 号）。

（2）《企业职工伤亡事故报告和处理规定》（国务院令第 75 号）。

（3）《国务院有关特大安全事故行政责任追究的规定》（国务院令第 302 号）。

2. 主要国家标准

（1）《企业职工伤亡事故分类》（GB 6441—1986）。

（2）《企业职工伤亡事故调查分析规则》（GB 6442—1986）。

（3）《企业职工伤亡事故经济损失统计标准》（GB 6721—1986）。

（4）《事故伤害损失工作日标准》（GB/T 15499—1995）。

六、事故致因理论

由于事故给人类造成的巨大损失，多年来人们一直在寻求事故发生的原因及规律，提出了许多种事故致因理论，如能量意外释放理论、事故因果论和事故轨迹交叉论等。

为了防止事故的发生，首先必须进行正确的事故归因，即弄清事故发生的原因，了解事故的发生、发展和形成过程。在此基础上，研究如何通过消除、控制事故因素来防止事故的发生，保证生产系统处于安全状态。

（一）能量意外释放理论

1961 年，吉布森（Gibson）提出了解释事故发生物理本质的能量意外释放理论。他认为，事故是一种不正常的或不希望的能量释放，各种形式的能量是构成伤害的直接原因。因此，应该通过控制能量或控制伤人的媒介能量载体来预防伤害事故。1966 年，在吉布森的研究基础上，美国运输部安全局局长哈登（Haddon）完善了能量意外释放理论，提出"人受伤害的原因只能是某种能量的转移"，并提出了能量逆流于人体造成伤害的分类方法。他将伤害分为两类：第一类伤害是由于施加了局部或全身性损伤阈值的能量引起的；第二类伤害是由影响了局部或全身性能量交换引起的，主要指中毒窒息和冻伤。

能量在人类的生产、生活中是不可缺少的。如果由于某种原因失去了对能量的控制，超越了人们设置的约束或限制，就会发生能量违背人的意愿而意外释放或逸出，使进行中的活动中止而发生事故。如果失去控制而意外释放的能量作用于人体，则会造成人员伤害。

从能量意外释放而造成事故的观点而言，控制好能量就是控制了工伤事故；管理好能量防止其逆流，也就是管理好了安全生产。防护能量逆流于人体的典型系统可大致分为 10 个类型。

（1）限制能量的系统，用较安全的能源代替危险性大的能源。如限制能量的速度和大小，规定极限量和使用低压测量仪表等。

（2）防止能量蓄积，控制能量释放。如控制爆炸性气体的浓度、应用低高度的位能等。

（3）延缓能量释放，如采用安全阀、逸出阀以及应用某些器件吸收振动等。

（4）开辟释放能量的渠道，如安装放空管、接地电线等。

（5）在能源上设置屏障，如进行隔离、封闭，采取防爆措施等。

（6）在人物与能源之间设屏障，如设置防火罩、防火门等。

（7）在人与物之间设屏蔽，如安全帽、安全鞋和手套、口罩等个体防护用具。

（8）提高防护标准，如采用双重绝缘工具、低电压回路、连续监测和远距离遥控等。

（9）改善效果及防止损失扩大，如改变工艺流程，变不安全流程为安全流程，做好急救准备工作。

（10）修复或恢复，如治疗、矫正以减轻伤害程度或恢复原有功能。

（二）事故因果论

因果论是事故致因的重要理论之一，事故因果论的类型有集中型、连锁型、复合型和事故因果新论等。

（1）集中型。几个原因各自独立，共同导致事故发生，即多种原因在同一时间序列共同造成一个事故后果的，叫"集中型"。

（2）连锁型。由一个原因要素促成下一个要素发生的因果连锁发生的事故，叫"连锁型"。

（3）复合型。某些因果连锁，又有一系列原因集中，复合组成事故结果的叫"复合型"。单纯的集中型或单纯的连锁型均较少，事故的发生多为复合型的。

多米诺骨牌模型是事故因果论中连锁型的主要模型之一，它是应用多米诺骨牌原理来阐述事故因果理论的。要防止事故，就应该知道引起事故的本质原因。为防止同类事故再次发生，必须根据现场实际情况进行调查追踪，明了事故原因的追踪系统，这对防止误判事故的原因、防止将预防措施引至错误的方向都有着十分重要的意义。

（4）事故因果新论。博德在海因里希提出的多米诺骨牌模型的基础上，提出了反映现代安全观点的事故因果新论，其内容主要包括如下几点。

①控制不足（管理缺陷）。事故因果连锁中一个最重要的因素是安全管理。安全管理人员的工作应以企业现代管理原则为基础，实施控制这一管理机能。安全管理中的控制是指损失控制，人的不安全行为和物的不安全状态的控制是安全管理的核心。发生事故的基本原因是控制不足，即管理上的缺陷。

②基本原因（起源论）。所谓起源论，是在于找出发生事故的基本的、背景的、本质的原因，而不仅仅停留在表面的现象上。只有找到事故的真正起源，才能实现有效的控制。

为了从根本上预防事故，必须查明事故的基本原因，并依此采取对策。基本原因包括个人原因、工作条件、工作方法、劳动环境以及管理上的原因。

③直接原因（征兆）。不安全行为或不安全状态是事故的直接原因。直接原因只是深层原因的征兆，是基本原因的表面现象。安全管理应善于从属于直接原因的表面征兆去追究其背后隐藏的深层原因，进而采取恰当的长期控制对策。

④事故（接触）。从能量的观点，事故是人的身体或构筑物、设备与超过其阈值的能量的接触。为了防止这一触发事故的接触，可以改进装置、材料及设施，防止能量释放；通过安全教育和培训以提高工人识别危险的能力，积极佩戴个人防护用具，以降低事故对人身的伤害。

⑤伤害（损坏或损失）。博德的模型中的伤害包括工伤、职业病以及对人员精神、神经方面或全身性的不利影响。人员伤害、财物损坏统称为损失，可以采取有力的保护、救护措施使事故损失最大限度地减少。例如，对受伤人员的迅速抢救、扑灭爆炸引发的火灾、控制灾害的扩大、抢修设备、在平时对相关人员加强应急训练等。

（三）事故轨迹交叉论

轨迹交叉论是强调人的不安全行为和物的不安全状态相互作用的事故致因理论。人的不安全行为是人为失误，物的不安全状态多为机械故障和物的不安全放置，人与物一旦发生时间和空间上的轨迹交叉就会造成事故。

轨迹交叉论把人、物看成两条事件链，两链的交叉点就是发生事故的"时空"。在多数情况下，由于企业安全管理不善，工人缺乏安全教育和训练，或者机械设备缺乏维护、检修以及安全装置不完善，导致了人的不安全行为或者物的不安全状态。

后由起因物引发施害物，再与人的行动轨迹相交，构成了事故。

若加强安全教育和技术训练，进行科学的安全管理，从相关人员的生理、心理和操作技能上控制不安全行为的产生，就是砍断了导致伤亡事故发生人的因素链；若加强设备管理，提高机械设备的可靠性，增设安全装置、保险装置和信号装置以及自控安全闭锁设施，就是控制设备的不安全状态，砍断了设备方面的事件链。

（四）事故扰动起源论

事故扰动起源论又称 P 理论。任何事故处于萌芽状态时，就有某种扰动或活动，称之为起源事件。事故形成过程是一组自觉或不自觉的，指向某种预期的或不测结果的相继出现的事件链。这种进程包括外界条件及其变化的影响。相继事件过程是在一种自动调节的动态平衡中进行的。如果行为者的行为得当或受力适中，即可维持能流稳定而不偏离，达到安全生产；如果行为者的行为不当或发生故障，则对上述平衡产生扰动，就会破坏和结束自动动态平衡而开始事故的进程，最终导致事件（伤害或损坏）。这种伤害或损坏又会依次引起其他变化或能量释放。于是，可以把事故看成从相继的事故事件过程中的扰动开始，最后以伤害或损坏而告终。

（五）系统安全理论

在 20 世纪 50—60 年代美国研制洲际导弹的过程中，系统安全理论应运而生。系统安全理论包括以下一些区别于传统安全理论的创新概念。

（1）在事故致因理论方面，改变了人们只注重操作人员的不安全行为，而忽略硬件的故障在事故致因中作用的传统观念，开始考虑如何通过改善物的系统可靠性来提高复杂系统的安全性，从而避免事故。

（2）没有任何一种事物是绝对安全的，任何事物中都潜伏着危险因素，通常所说的安全或危险只不过是一种主观的判断。

（3）不可能根除一切危险源，但可以减少来自现有危险源的危险性，而且宁可减少总的危险性而不是只彻底去消除几种选定的风险。

（4）由于人的认识能力有限，有时不能完全认识危险源及其风险，即使认识了现有的危险源，随着生产技术的发展，新技术、新工艺、新材料和新能源的出现，又会带来新的危险源。安全工作的目标就是控制危险源，努力把事故的发生概率降到最低，即使在发生事故时，也能把人员伤亡和物质损失控制在较轻的程度上。

（六）事故频发倾向理论

1919 年，英国的格林伍德和伍兹把许多伤亡事故发生次数按照泊松分布、偏倚分布和非均等分布进行了统计分析，发现当发生事故的概率不存在个体差异时，一定时间内事故发生的次数服从泊松分布。一些工人由于存在精神或心理方面的问题，如果在其生产操作过程中发生过一次事故，当其再继续操作时，就会有重复发生第二次、第三次事故的倾向，符合这种统计分布的主要是少数有精神或心理缺陷的工人，服从偏倚分布。当工厂中存在许多特别容易发生事故的人时，发生不同次数事故的人数服从非均等分布。

在此研究基础上，1939 年，法默和查姆勃等人提出了事故频发倾向理论。事故频发倾向是指个别容易发生事故的稳定个人的内在倾向。事故频发倾向者的存在是工业事故发生的主要原因，即少数具有事故频发倾向的工人是事故频发倾向者，他们的存在是工业事故发生的原因。如果企业中减少了事故频发倾向者，就可以减少工业事故。

第二节　化学药品中毒及应急处理

一、化学药品侵入人体的途径

（一）呼吸道

人体肺泡表面积为 90 ～ 160m2，每天吸入空气 12m3，约 15kg。空气在肺泡内流速慢，接触时间长，同时肺泡壁薄、血液丰富，这些都有利于吸收。所以，呼吸道是化学药品侵入人体的最重要的途径。在生产环境中，即使空气中有害物质含量较低，每天也将有一定量的毒物通过呼吸道侵入人体。

（二）皮肤

有些化学药品可透过无损皮肤通过表皮、毛囊、汗腺导管等途径侵入人体。经皮肤侵入人体的毒物，不先经过肝脏的解毒而直接随血液循环分布于全身。黏膜吸收化学药品的能力远比皮肤强，部分粉尘也可通过黏膜侵入人体。

（三）消化道

许多化学药品可通过口腔进入消化道而被吸收。此类中毒往往是由于吞咽由呼吸道进入的化学药品，或食用被污染的食物而引起的。化学药品由小肠吸收，经肝脏解毒，未被解毒的物质进入血液循环。因此，只要不是一次性大量服入，后果都比较轻。

二、影响化学毒物对机体毒作用的因素

（一）毒物的化学结构

物质的化学结构不仅直接决定其理化性质，还决定其参与各种化学反应的能力；而物质的理化性质和化学活性又与其生物学活性和生物学作用有着密切的联系，并在某种程度上决定其毒性。如氯代饱和烷烃的肝脏毒性随氯原子取代的数量增多而增大；苯具有麻醉作用和抑制造血功能的作用，当苯环中的氢被氨基取代后，其作用性质有很大改变，具有形成高铁血红蛋白的作用。

毒物的理化性质对其进入途径和体内过程有重要影响。分散度高的毒物，易进入呼吸道。毒物的溶解度影响毒性作用部位，如刺激性气体中的氨在水中易溶解，主要作用于上呼吸道；而不易溶解的二氧化氮、光气，通过上呼吸道时溶解少，对上呼吸道刺激性较小，易进入呼吸道深部；脂溶性物质易在脂肪蓄积，易侵犯神经系统。

（二）剂量、浓度和接触时间

不论毒物的毒性大小如何，都必须在体内达到一定量才会引起中毒。空气中毒物浓度高、接触时间长，若防护措施不力，则进入体内的量大，容易发生中毒。

（三）联合作用

两种以上毒物同时或先后作用于机体时会出现某种形式的综合反应，即毒物的联合作用。

（1）独立作用：几种同时存在的毒物或其他因素，其作用方式、途径、部位不同，对机体影响可以互相不关联，因而出现各自不同的毒效应。

（2）拮抗作用或加强作用：两种或两种以上职业病危害因素同时存在，一种有害因素减弱或加强另一种有害因素，前者为拮抗作用，后者为加强作用。

（四）环境因素

如气象条件温度、湿度等可影响毒物的吸收以及在体内的转运等，在突发事件应急救援过程中，应予以重视，以免次生灾害的发生。

（五）个体易感性

人体对毒物毒作用的敏感性存在着较大的个体差异，即使在同一接触条件下，不同个体所出现的反应相差很大。造成这种差异的个体因素很多，如年龄、性别、健康状况、生理状况、营养、内分泌功能、免疫状态及个体遗传特征等。研究表明，

产生毒物个体易感性差异的决定因素是个体遗传特征，如葡萄糖 -6- 磷酸脱氢酶缺陷者，对溶血性毒物较为敏感，易发生溶血性贫血；细胞色素 P450 酶类有 30 余种，P450 酶系中多种酶参与外源性化学品代谢，这些酶的多态性使代谢功能出现很大差异，并因此影响到对某些毒物的敏感性。

三、化学药品中毒的应急处理

实验过程中若感觉咽喉灼痛，出现发绀、呕吐、惊厥、呼吸困难和休克等症状时，则可能系中毒所致。发生急性中毒事故，应进行现场急救处理后，将中毒者送医院急救，并向医院提供中毒的原因、化学物品的名称等以便能对症医疗，如化学物不明，则需带该物料及呕吐物的样品，以供医院及时检测。

在进行现场急救时，实验人员根据化学药品的毒性特点、中毒途径及中毒程度采取相应措施，要立即将患者转移至安全地带，并设法清除其体内的毒物，如服用催吐剂、洗肠、洗胃或应用"解毒剂"，使毒物对人体的损伤减至最小，并立即送医院治疗。

（一）经呼吸道吸入中毒者的救治

首先保持呼吸道畅通，并立即转移至室外，向上风向转移，解开衣领和裤带，呼吸新鲜空气并注意保暖；对休克者应施以人工呼吸，但不要用口对口法，立即送医院急救。

（二）对于经皮肤吸收中毒者的救治

应迅速脱去污染的衣服、鞋袜等，用大量流动清水冲洗 15 ～ 30min，也可用温水，禁用热水；头面部受污染时，要注意眼睛的冲洗。

（三）对于误服吞咽中毒者的救治

常采用催吐、洗胃、清泻等方法。

1. 催吐

适用于神志清醒合作者，禁用于吞强酸、强碱等腐蚀品及汽油、煤油等有机溶剂者。因为误服强酸、强碱，催吐后反而使食道、咽喉再次受到严重损伤；对失去知觉者，呕吐物会误吸入肺；误喝了石油类物品，易流入肺部引起肺炎。有抽搐、呼吸困难、神志不清或吸气时有吼声者均不能催吐。

2. 洗胃

洗胃是治疗常规，有催吐禁忌者慎用。通常根据吞服的毒物，选择 1 ∶ 5000

高锰酸钾溶液、2% 碳酸氢钠溶液、生理盐水或温开水，最后加入导泻药（一般为 25% ~ 50% 硫酸镁）以促进毒物排出。

3. 清泻

可通过口服或胃管送入大剂量的泻药（如硫酸镁、硫酸钠等）进行清泻。

（四）注意事项

（1）使用解毒、防毒及其他排毒药物进行解毒如强腐蚀性毒物中毒时，禁止洗胃，并按医嘱给予药物及物理性对抗剂，如牛奶、蛋清、米汤、豆浆等保护胃黏膜。强酸中毒可用弱碱，如镁乳、肥皂水、氢氧化铝凝酸等中和；强碱中毒可用弱酸，如 1% 醋酸、稀食醋、果汁等中和；强酸强碱均可服稀牛奶、鸡蛋清。

（2）对中毒引起呼吸、心跳停者，应进行心肺复苏术，主要的方法有人工呼吸和心脏胸外挤压术。

（3）参加救护者，必须做好个人防护，进入中毒现场必须戴防毒面具或供氧式防毒面具。如时间短，对于水溶性毒物，如常见的氯、氨、硫化氢等，可暂用浸湿的毛巾捂住口鼻等。在抢救病人的同时，应想方设法阻断毒物泄漏处，阻止蔓延扩散。

第三节　火灾性事故及应急处理

化学实验室常存放一些易燃、易爆药品，而这些化学药品有着不同的特性，如易燃液体、易燃固体、自燃物品、遇湿易燃物品等，这些化学药品容易发生火灾、爆炸事故。由于化学药品本身及其燃烧产物大多具有较强的毒害性和腐蚀性，并且大多数危险化学药品在燃烧时会放出有毒气体或烟雾，极易造成人员中毒、灼伤。因此，不同的化学品以及在不同情况下发生火灾，其扑救方法差异很大，若处置不当，不仅不能有效扑灭，反而会使灾情进一步扩大。下面将对进入火灾现场的注意事项、火灾扑救的一般原则、灭火方式、灭火器的选择及灭火的应急处理进行介绍。

一、进入火灾现场的注意事项

现场应急人员应正确穿着防火隔热服、佩戴防毒面具，如有必要身上还应绑上耐火救生绳，以防万一；消防人员必须在上风向或侧风向操作，选择地点必须方便撤退；通过浓烟、火焰地带或向前推进时，应用水枪跟进掩护；加强火场的通信联络，同时必须监视风向和风力；铺设水带时要考虑如果发生爆炸和事故扩大时的防护或撤退；要组织好水源，保证火场不间断地供水；禁止无关人员进入。

二、火灾扑救的一般原则

首先尽可能切断通往多处火灾部位的物料源，控制泄漏源；主火场由消防队集中力量主攻，控制火源；喷水冷却容器，可能的话将容器从火场移至空旷处；处在火场中的容器突然发出异常声音或发生异常现象，必须马上撤离；发生气体火灾，在不能切断泄漏源的情况下，不能熄灭泄漏处的火焰。针对不同类别化学品要采取不同控制措施，以正确处理事故，减少事故损失。

三、灭火方式及灭火器的选择

燃烧需要具备三大条件：要有可燃性物质，可燃固体如纸张、木材，易燃液体如汽油、酒精，可燃气体如氢气、一氧化碳等；有助燃物存在，包括空气中的氧气和氯气、氯酸钾和高锰酸钾等氧化物；有燃烧源，包括电气设备、明火、静电和热表面。三大条件具备时才会燃烧。灭火的一切手段基本上围绕破坏形成燃烧的三个条件中任何一个来进行（可燃物、助燃物、点火能源），基本方法有冷却法、窒息法、隔离法、化学抑制法。

（一）常用的灭火方法

（1）冷却法降低着火物质的温度，使其降到燃点以下而停止燃烧。如用水或干冰等冷却灭火剂喷到燃烧物上即可起冷却作用。

（2）窒息法阻止助燃的氧化剂进入。如用二氧化碳、氮气、水蒸气等来降低氧浓度，使燃烧不能持续。

（3）隔离法将正在燃烧的物质与不燃烧的物质分开，中断可燃物质的供给而停止燃烧。如用泡沫灭火剂灭火，通过产生的泡沫覆盖于燃烧体表面，在进行冷却作用的同时，把可燃物同火焰和空气隔离开来，达到灭火的目的。

（4）化学抑制法让灭火剂参与燃烧反应，并在反应中起抑制作用而使燃烧停止。如用干粉灭火剂通过化学作用，破坏燃烧的链式反应，使燃烧终止。

（二）灭火器的选择

灭火器按内装灭火剂的不同分为干粉、泡沫、二氧化碳、卤代烷等几种。

根据上述灭火器的工作原理，可对不同特性的物质引发的火灾进行灭火。

（1）扑灭易燃含碳固体引发火灾的方法。易燃含碳固体可燃物，如木材、棉毛、麻、纸张等燃烧发生的火灾，可用水型灭火器、泡沫灭火器、干粉灭火器。

（2）扑灭易燃液体引发火灾的方法。易燃液体如汽油、乙醚、甲苯等有机溶剂着火时，可用干粉灭火器、泡沫灭火器、卤代烷灭火器，绝对不能用水，否则造成液体流淌而扩大燃烧面积。

（3）扑灭可燃气体引发火灾的方法。对可燃烧气体，如煤气、天然气、甲烷等燃烧发生的火灾，可用干粉灭火器、卤代烷灭火器。

（4）扑灭可燃活泼金属引发火灾的方法。可燃的活泼金属，如钾、钠、镁等发生的火灾，可用干沙式铸铁粉末或专用灭火剂；绝对不能用水、泡沫、二氧化碳、四氯化碳等灭火器灭火。

（5）扑灭带电物体引发火灾的方法。扑灭带电物体燃烧发生的火灾，应先切断电源，再用二氧化碳、干粉、卤代烷灭火器，不能用水及泡沫灭火器，以免触电。

四、火灾事故的应急处理

扑救火灾总的要求是：先控制，后消灭。实验中一旦发生了火灾切不可惊慌失措，应保持镇静，正确判断、正确处理，增强人员自我保护意识，减少伤亡。发生火灾时要做到"三会"：会报火警、会使用消防设施扑救初起火灾、会自救逃生。灭火人员不应个人单独灭火，要选择正确的灭火剂和灭火方式，出口通道应始终保持清洁和畅通。

（1）火灾初起时采取的措施。火灾初起，立即组织人员扑救，同时报警。救助人员要立即切断电源，熄灭附近所有火源（如煤气灯），移开未着火的易燃易爆物，查明燃烧范围、燃烧物品及其周围物品的品名和主要危险特性、火势蔓延的主要途径等，根据起火或爆炸原因及火势采取不同方法灭火。扑救时要注意可能发生的爆炸和有毒烟雾气体、强腐蚀化学品对人体的伤害。

（2）火灾蔓延时采取的措施。如火势已扩大，在场人员已无力将火扑灭时，要采取措施制止火势蔓延，如关闭防火门、切断电源、搬走着火点附近的可燃物，阻止可燃液体流淌，配合消防队灭火。

下面针对不同原因造成的实验室起火所应采取的应急处理进行介绍。

（一）仪器、设备等起火的应急处理

（1）容器局部小火。对在容器中（如烧杯、烧瓶、热水漏斗等）发生的局部小火，用湿布、石棉网、表面皿或木块等覆盖，就可以使火焰窒息。

（2）反应体系着火。在反应过程中，若因冲料、渗漏、油浴着火等引起反应体系着火时，有效的扑灭方法是用几层灭火毯包住着火部位，隔绝空气使其熄灭。扑救时必须防止玻璃仪器破损，如冷水溅在着火处的玻璃仪器上或灭火器材击破玻璃仪器，从而造成严重的泄漏而扩大火势。若使用灭火器时，由火场的周围逐渐向中心处扑灭。

（3）人体着火。若人的身体着火，如衣服着火，应立即用湿抹布、灭火毯等包裹盖熄，或者就近用水龙头浇灭或卧地打滚以扑灭火焰，切勿慌张奔跑，否则风助火势会造成严重后果。

（4）烘箱着火。烘箱有异味或冒烟时，应迅速切断电源，使其慢慢降温，并准备好灭火器备用。千万不要打开烘箱门，以免突然供入空气助燃（爆），引起火灾。

（二）对化学物品起火的应急处理

化学品火灾的扑救应由专业消防队来进行，其他人员不可盲目行动，待消防队到达后，介绍起火原因，配合扑救。对以下几种特殊化学药品的火灾扑救时尤其要引起注意。

（1）扑救压缩气体和液化气体类火灾采取的措施。扑救压缩气体和液化气体类，如氢气、乙炔、正丁烷等发生的火灾，应先切断气源，然后用雾状水、泡沫、二氧化碳灭火。若不能立即切断气源，则不允许熄灭正在燃烧的气体。喷水冷却容器，可能的话将容器移至空旷处。

（2）扑救爆炸物品火灾采取的措施。扑救爆炸物品，如硝酸甘油、雷公酸、叠氮银等发生的火灾，禁止用沙土盖压，应采用吊射水流。这是为了避免增强爆炸物品爆炸时的威力，也要避免强力水流直接冲击堆垛，以免堆垛倒塌引起再次爆炸。

（3）扑救遇湿易燃物品火灾采取的措施。对于遇湿易燃物品，如活泼金属钾、钠等及三氯硅烷、硼氢化钠、碳化钙等发生火灾，禁止用水、泡沫等湿性灭火剂扑救，应用水泥、干沙、干粉等进行覆盖，这是由于这些物品能与水发生化学反应，产生可燃气体和热量，有时即使没有明火也能自动着火或爆炸；对遇湿易燃物品中的粉尘火灾，不要使用有压力的灭火剂进行喷射，以防止将粉尘吹扬起来，与空气形成爆炸性混合物而导致爆炸发生。有的化学危险物品遇水能产生有毒或腐蚀性的气体，灭火时要特别注意。

（4）扑救氧化剂和有机过氧化物火灾采取的措施。氧化剂和有机过氧化物的灭火比较复杂，应注意燃烧物不能与灭火剂发生化学反应。如大多数氧化剂和有机过氧化物遇酸会发生剧烈反应甚至爆炸，如过氧化钠、过氧化钾、氯酸钾、高锰酸钾、过氧化二苯甲酰等。因此，这些物质就不能用泡沫和二氧化碳灭火剂，但是过氧化钠、过氧化钾着火不能用水扑灭，必须用砂土或用水泥、盐盖灭；KMnO4 发生火灾的灭火剂为水、雾状水、沙土；氯酸钾发生火灾时，可用大量水扑救，同时用干粉灭火剂闷熄。用水泥、干沙覆盖应先从着火区域四周尤其是下风等火势主要蔓延方向覆盖起，形成孤立火势的隔离带，然后逐步向着火点进逼。

（5）扑救毒害品和腐蚀品发生火灾采取的措施。扑救毒害品和腐蚀品发生的火灾时，施救人员要采取全身防护，应尽量使用低压水流或雾状水、干粉、沙土等。氰化钠遇泡沫中酸性物质能生成剧毒气体氰化氢，因此，不能用化学泡沫灭火，可用水及沙土扑救；硫酸、硝酸等酸类腐蚀物品，遇加压密集水流，会立即沸腾起来，使酸液四处飞溅，需特别注意防护。扑救浓硫酸与其他可燃物品接触发生的火灾，浓硫酸数量不多时，可用大量低压水快速扑救。如果浓硫酸量很大，应先用二氧化碳、干粉等灭火，然后再把着火物品与浓硫酸分开。

（6）特殊物品发生火灾采取的措施。易燃固体、自燃物品一般都可用水和泡沫扑救，但也有少数易燃固体、自燃物品的扑救方法比较特殊。

①易升华的易燃固体起火。2，4 二硝基苯甲醚、二硝基萘、萘等易升华的易燃固体，救火时要不断向燃烧区域上空及周围喷射雾状水，并消除周围一切火源，因为要防止易燃蒸气与空气形成爆炸性混合物。

②黄磷起火。救火时禁用酸碱、二氧化碳、卤代烷灭火剂，用低压水或雾状水扑救。由于黄磷会自燃，因此，灭火过程中的黄磷熔融液体流淌时应用泥土、沙袋等筑堤拦截并用雾状水冷却；灭火后已固化的黄磷，应用钳子钳入贮水容器中。

③特殊易燃固体和自燃物品起火。少数易燃固体和自燃物品如三硫化二磷、铝粉、保险粉（连二亚硫酸钠）易选用干砂和不用压力喷射的干粉扑救，不能用水和泡沫扑救。

④对于易燃液体起火。扑救相对密度小于 1 且不溶水的易燃液体（如汽油、苯等）发生的火灾，不能用水扑救。因水会沉在液体下面，可能形成喷溅、漂流而扩大火灾，宜用泡沫、干粉、二氧化碳等扑救；比水重又不溶于水的液体（如二硫化碳）起火时可用水扑救，水能覆盖在液面上灭火，用泡沫也有效；具有水溶性的液体（如醇类、酮类等），最好用抗溶性泡沫扑救，用干粉扑救时，灭火效果要视燃烧面积大小和燃烧条件而定，也需用水冷却罐壁，降低燃烧强度。

第四节 放射性物质泄漏事故及应急处理

放射性是指物质能从原子核内部自行不断地放出具有穿透力，为人们不可见的射线（高速粒子）的性质。随着科技的发展和核技术在各个领域的应用日益广泛，放射性物质的品种和数量不断增加，对放射性物质的需求也不断扩大，因此，其辐射危害也不断出现。

放射性物质泄漏时，人们无法用化学方法中和或者其他方法使放射性物品不放出射线，只能用适当的材料予以吸收屏蔽，救援时个人要穿戴防护用具、防护服。发生核事故泄漏时人们应尽量留在室内，关闭门窗和所有通风系统，衣服或皮肤被污染或可能被污染时，小心地脱去衣服，迅速用肥皂水洗刷3次并淋浴；身体受到污染，大量饮水，使放射性物质尽快排出体外，并尽快就医。

（1）要严格管理放射性物品，使用放射性物品时要遵守安全条约，毒物应按实验室的规定办理审批手续后领取，说明使用放射物的地点和使用者。

（2）使用时严格按照标准程序进行操作，避免操作不慎或违规操作。

（3）实验后要妥善处理，避免有毒物质处理不当，造成有毒物品散落流失，引起人员中毒、环境污染。

第五节 外伤事故及应急处理

一、烧伤

造成烧伤的原因虽然多种多样，如由热水、蒸气、火焰、电流、激光、放射线、酸、碱、磷等引起，但其处理原则基本相同。

（一）烧伤程度的判断

为了确定处理方法，必须首先判断烧伤程度。其判断方法，可根据烧伤面积及烧伤深度两项以及有无并发症等，综合地加以判断。

1. 烧伤面积

烧伤面积，用其占人体全部表面积的百分数表示。为了简便地计算人体各部分的表面积，归纳有"9 的规律"的算法。烧伤面积是以烧伤部位与全身体表面积百分比计算的。

（1）新九分法：是将人体各部分别定为若干个 9%，主要适用于成人头、颈、面（各占 3%）共占 9%；双上肢（双上臂 7%、双前臂 6%、双手 5%）共占 18%；躯干（前 13%、后 13%、会阴 1%）共占 27%；双下肢（两大腿 21%、两小腿 13%、双臀 5%、足 7%）共占 46%。

（2）手掌法：伤员自己手掌的面积等于自己身体面积的 1%。

2. 烧伤深度

从热的强度及被烧的时间来确定其烧伤深度，并从皮肤的症状及有无疼痛加以判断。实际上，烧伤深度的判断相当困难。因为随着时间的推移，烧伤程度往往逐渐加深。

（1）轻度烧伤

Ⅱ度烧伤 15% 以下，Ⅲ度烧伤在 2% 以下。很少发生休克。

（2）中度烧伤

Ⅱ度烧伤占 15% ~ 30%，Ⅲ度烧伤在 10% 以下。据以往的病例，全都有休克的危险性，必须送入医院治疗。

（3）严重烧伤

Ⅱ度烧伤占 30% 以上，Ⅲ度烧伤在 10% 以上。或者脸、手及脚均Ⅲ度烧伤，而呼吸道有烧伤的可疑。常常伴有电击、严重药品伤害、软组织损伤及骨折等症状。必须在受伤后 2 ~ 3 小时内，将患者送入医院治疗。患者Ⅲ度烧伤在 50% 以上时，常常死亡。

（4）休克症状

休克症状有：手、脚变冷；脸色苍白；出冷汗；想吐，呕吐；脉搏次数增加；情绪不安，心情烦躁。

（5）一次性休克

在受伤后 1 ~ 2 小时内发生。多数情况，于受伤后约 2 小时即复原，很少死亡。一般认为是由于副交感神经处于兴奋状态所致。

（6）二次性休克

在受伤后，早则于 6 ~ 8 小时内发生，通常经过 2 ~ 3 天才发生。一般认为是由于从大面积烧伤部位失去大量液体所致。此时，若不立刻施行适当的治疗，则往往发生死亡。

3. 呼吸道烧伤的判断

高大建筑物发生火灾时，常可看到呼吸道烧伤的情况。在封闭的空间受伤，吸入火焰及高温气体而使呼吸道被烧伤。此时，由于氧气不能及时到达肺部，以致多数发生死亡。如果患者受伤后 1 ～ 2 日内症状恶化，脸或头等部位受伤并烧去鼻孔毛时，可怀疑其呼吸道被烧伤。若看到鼻腔和口腔黏膜红肿，声音嘶哑，发出"沙……沙……"的呼吸声，并呼吸困难、痰多，特别痰中混有黑色煤灰时，则烧伤就涉及呼吸道了。

（二）烧伤应急处理方法

（1）保护受伤部位。迅速脱离热源。如邻近有凉水，可先冲淋或浸浴以降低局部温度。避免再损伤局部，伤处的衣裤袜之类应剪开取下，不可剥脱。转运时，伤处向上以免受压。减少沾染，用清洁的被单、衣服等覆盖创面或简单包扎。

（2）尽快脱去着火或沸液浸渍的衣服，特别是化纤衣服。以免着火衣服和衣服上的热液继续作用，使创面加大加深。

（3）采取有效措施扑灭身上的火焰，当衣服着火时，应采用各种方法尽快灭火，如水浸、水淋、就地卧倒翻滚等。灭火后伤员应立即将衣服脱去，如衣服和皮肤粘在一起，可在救护人员的帮助下把未粘的部分剪去，并对创面进行包扎。

（4）迅速卧倒后，慢慢地在地上滚动，压灭火焰，禁止伤员衣服着火时站立或奔跑呼叫，以免助长燃烧，以防增加头面部烧伤后吸入性损伤，或引起或加重呼吸道烧伤。

（5）迅速离开密闭和通风不良的现场，以免发生吸入性损伤和窒息。

（6）用身边不易燃的材料，如毯子、雨衣、大衣、棉被等，最好是阻燃材料，迅速覆盖着火处，使之与空气隔绝。

（7）皮肤发红为一度烧伤，涂以 95% 的酒精并用湿润纱布盖于伤处，或用冷水止痛法止痛。皮肤起泡为二度烧伤，除按一度烧伤法外，还可用 3% ～ 5% 的高锰酸钾或 5% 的新制丹宁溶液，用纱布浸湿包扎。以上两种烧伤也可在伤处涂烧伤膏、植物油或万花油，效果良好。皮肤灼焦为三度烧伤，需用消毒纱布包扎后，立即送医院治疗。

（8）防止休克、感染。为防止伤员休克和创面发生感染，应给伤员口服止痛片（有颅脑或重度呼吸道烧伤时，禁用吗啡）和磺胺类药，或肌肉注射抗生素，并给口服烧伤饮料或饮淡盐茶水、淡盐水等。一般以多次喝少量为宜，如发生呕吐、腹胀等，应停止口服。要禁止伤员单纯喝白开水或糖水，以免引起脑水肿等并发症。

（9）保护创面。在火场，对于烧伤创面一般可不做特殊处理，尽量不要弄破水泡，不能涂龙胆紫一类有色的外用药，以免影响烧伤面深度的判断。为防止创面继续污染，避免加重感染和加深创面，对创面应立即用三角巾、大纱布块、清洁的衣服和被单等，给予简单的包扎。手足被烧伤时，应将各个指、趾分开包扎，以防粘连。

（10）冷疗。热力烧伤后及时冷疗可防止热力继续作用于创面使其加深，并可减轻疼痛、减少渗出和水肿。因此，如有条件，热力烧伤后宜尽早进行冷疗，越早效果越好。方法是将烧伤创面在自来水笼头下淋洗或浸入水中（水温以伤员能忍受为准，一般为15℃～20℃，热天可在水中加冰块），后用冷水浸湿的毛巾、纱垫等敷于创面。时间无明确限制，一般掌握到冷疗之后不再剧痛为止，多需0.5～1小时。冷疗一般适用于中小面积烧伤，特别是四肢的烧伤。对不便洗涤冷却的脸及身躯等部位，可用经自来水润湿的2～3条毛巾包上冰片，把它敷于烧伤面上。要十分注意经常移动毛巾，以防同一部位过冷。若患者口腔疼痛时，可给其含冰块。即使是小面积烧伤，如果只冷却5～10分钟，则效果也甚微，因此必须进行长时间的冷却。

但是大面积烧伤时，要将其进行冷却在技术上较难处理。同时，还应考虑到有发生休克的危险以及"尽快入医院"这一原则。因此，严重烧伤时，应用清洁的毛巾或被单盖上烧伤面，如果可能，则在冷却的同时立刻送医院治疗。

（三）烧伤注意事项

（1）因烧伤而引起皮肤起泡，要用干的消毒纱布敷贴伤处，水泡不应戳破，以免伤口受到感染，引起更严重的伤害。不要在烧伤面上涂油或硫酸锌油之类东西，以防细菌感染；不能用酱油涂擦；不可用红汞溶液，因涂红汞后，很难观察创面。消毒时可用洗必泰。

（2）如因烧伤引起昏厥，首先应设法缓和因昏厥所引起的后果，把病人躺平，两脚垫高，颈部衣服领部松开，在等待医生治疗时和抬送医院的来往途中，应保持病人的温暖，并给以大量的热饮料，如热茶、热水或淡盐水，但不可给酒喝。如病人失去知觉，切勿从口内灌入饮料。必要时，施行人工呼吸。

二、灼伤

（一）腐蚀物品灼伤

化学腐蚀物品对人体有腐蚀作用，易造成化学灼伤。腐蚀物品造成的灼伤与一般火灾的烧伤烫伤不同，开始时往往感觉不太疼，但发觉时组织已灼伤。所以，对触及皮肤的腐蚀物品，应迅速采取急救措施。常见几种腐蚀物品触及皮肤时的急救方法分别如下所述。

（1）硫酸、发烟硫酸、硝酸、发烟硝酸、氢氟酸、氢氧化钠、氢氧化钾、氢化钙、氢碘酸、氢溴酸、氯磺酸触及皮肤时，应立即用水冲洗。以免深度受伤，再用稀 $NaHCO_3$ 溶液或稀氨水浸洗，最后用水洗。如皮肤已腐烂，应用水冲洗 20 分钟以上，再护送医院治疗。

氢氟酸能腐烂指甲、骨头，滴在皮肤上，会形成难以治愈的烧伤。皮肤若被灼烧后，先用大量水冲洗 20 分钟以上，再用冰冷的饱和硫酸镁溶液或 70% 酒精浸洗 30 分钟以上；或用大量水冲洗后，用肥皂水或 2% ~ 5%$NaHCO_3$ 溶液冲洗，用 5%$NaHCO_3$ 溶液湿敷。局部外用的有松软膏或紫草油软膏及硫酸镁糊剂。

（2）碱灼伤时，先用大量水冲洗，再用 1% 硼酸或 2%HAc 溶液浸洗，最后用水洗。

（3）三氯化磷、三溴化磷、五氯化磷、五溴化磷、溴触及皮肤时，应立即用清水冲洗 15 分钟以上，再送往医院救治。磷烧伤也可用湿毛巾包裹，或用 1% 硝酸银或 1% 硫酸钠冲洗，然后进行包扎。禁用油质敷料，以防磷吸收引起中毒。溴灼伤后，用水冲洗后，可用 1 体积 25% 氨水、1 体积松节油和 10 体积 95% 的酒精混合液涂敷。

（4）盐酸、磷酸、偏磷酸、焦磷酸、乙酸、乙酸酐、氢氧化铵、次磷酸、氟硅酸、亚磷酸、煤焦酚触及皮肤时，立即用清水冲洗。

（5）无水三氯化铝、无水三溴化铝触及皮肤时，可先干拭，然后用大量清水冲洗。

（6）甲醛触及皮肤时，可先用水冲洗后，再用酒精擦洗，最后涂以甘油。

（7）碘触及皮肤时，可用淀粉物质（如米饭等）涂擦，这样可以减轻疼痛，也能褪色。

（8）溴灼伤是很危险的。被溴灼伤后的伤口一般不易愈合，必须严加防范。凡用溴时都必须预先配制好适量的 20%$Na_2S_2O_3$ 溶液备用。一旦有溴沾到皮肤上，立即用 $Na_2S_2O_3$ 溶液冲洗，再用大量水冲洗干净，包上消毒纱布后就医。

在受上述灼伤后，若创面起水泡，均不宜把水泡挑破。

（二）眼睛的灼伤

（1）眼睛灼伤或掉进异物。一旦眼内溅入任何化学药品，立即用大量水缓缓彻底冲洗。洗眼时要保持眼皮张开，可由他人帮助翻开眼睑，持续冲洗 15 分钟，边洗边眨眼睛。如为碱灼伤，则用 2% 的硼酸溶液淋洗；若为酸灼伤，则用 3% 的 $NaHCO_3$ 溶液淋洗。忌用稀酸中和溅入眼内的碱性物质，反之亦然。对因溅入碱金属、溴、磷、浓酸、浓碱或其他刺激性物质的眼睛灼伤者，急救后必须迅速送往医院检查治疗。

（2）玻璃屑进入眼睛内是比较危险的。这时要尽量保持平静，绝不可用手揉擦，也不要试图让别人取出碎屑，尽量不要转动眼球，可任其流泪，有时碎屑会随泪水流出。严重者，用纱布轻轻包住眼睛后，将伤者急送医院处理。

（3）若系木屑、尘粒等异物，可由他人翻开眼睑，用消毒棉签轻轻取出异物，或任其流泪，待异物排出后，再滴入几滴鱼肝油。

一般来说，水对化学灼伤处理是属于工作现场的紧急应变方法，是一种到医院前的急救措施，一般而言，在黄金时间内对患部愈早冲淋愈好。

三、烫伤、割伤

在烧熔和加工玻璃物品时很容易被烫伤；在切割玻管或向木塞、橡皮塞中插入温度计、玻管等物品时，很容易发生割伤。玻璃质脆易碎，对任何玻璃制品都不得用力挤压或造成张力。当将玻管、温度计插入塞中时，塞上的孔径与玻管的粗细要吻合。玻管的锋利切口必须在火中烧圆，管壁上用几滴水或甘油润湿后，用布包住用力部位轻轻旋入，切不可用猛力强行连接。

外伤急救方法如下。

（一）烫伤

一旦被火焰、蒸气、红热的玻璃和铁器等烫伤，立即将伤处用大量水冲淋或浸泡，以迅速降温避免温度烧伤。若起水泡，不宜挑破，用纱布包扎后送医院治疗。对轻微烫伤，可在伤处涂些鱼肝油或烫伤油膏或红花油后包扎。烫伤时，急救的主要目的在于减轻和保护皮肤的受伤表面不受感染。

（二）刻伤

先取出伤口处的玻璃碎屑等异物，用水洗净伤口，挤出一点血，涂上红汞药水后，用消毒纱布包扎。也可在洗净的伤口上贴上"创可贴"，可立即止血，且易愈合。若伤口不大，也可用双氧水或硼酸水洗后，涂碘酒或红汞（注意不能同时并用）。若严重割伤大量出血时，应先止血，让伤者平卧，抬高出血部位，压住附近动脉，或用绷带盖住伤口直接施压，若绷带被血浸透，不要换掉，再盖上一块施压，立即送医院治疗。

四、冻伤

轻度冻伤时，虽然皮肤发红并有不舒服的感觉，但经数小时后即会恢复正常。

中等程度冻伤时，产生水疱；严重冻伤时，则会溃烂。

应急处理方法：把冻伤部位放入40℃(不要超过此温度)的温水中浸20～30分钟。即便恢复到正常温度后，仍需把冻伤部位抬高，在常温下，不包扎任何东西，也不要绷带。若没有温水或者冻伤部位不便浸水，如耳朵等部位，可用体温（手、腋下）将其暖和。要脱去湿衣服，也可饮适量酒精饮料暖和身体。但香烟会使血管收缩，故要严禁吸烟。

注意：不可做运动，或用雪、冰水等进行摩擦取暖。

五、玻璃、电击等东西造成的外伤

（一）玻璃外伤

玻璃外伤作为紧急处理，首先要止血，大量流血时，有发生休克的危险。

1. 紧急止血法

原则上可直接压迫损伤部位进行止血，即使损伤动脉，也可用手指或纱布直接压迫损伤部位，即可止血。

由玻璃碎片造成的外伤，必须先除去碎片。若不除去，当压迫止血时，即会把它压深。损伤四肢的血管时，可用毛巾等东西将其捆扎止血；用止血带止血操作麻烦，仅在不得已的情况下，例如，残留有玻璃碎片时，才使用它。一般情况下，毛巾完全可以代用。用毛巾止血，要把它用力捆扎靠近损伤部位关键的地方。但长时间压迫，末梢部位产生非常疼痛时，可平均5分钟放松毛巾一次，约经过1分钟再捆扎起来。

2. 特殊的外伤部位

（1）头部

头部受伤时，虽然因其血管多而容易出血，但其不易化脓。其头部皮下血管，纵然被切断也不能收缩，因此即使小伤也会引起大出血。

头部受伤出血时，最好用手指压迫靠近耳朵附近触及脉搏的地方；然后，用包头布把头部周围紧紧包扎起来。

（2）脸部

同头部一样，血管很多，容易出血，但也容易痊愈。此部位因有鼻、嘴等器官，因此，当脸部外伤出血时，有堵塞呼吸道的危险。要使患者俯伏着，这样容易排出分泌物或流出的血，也可防止舌头下坠堵塞气管。

（3）颈部

此部位因密布着重要的内脏器官的血管和神经，故颈部受伤时，必须进行恰当的处理。大量出血时，应压迫颈部稍后的颈总动脉，但要注意防止窒息。出现休克症状时，要把下肢抬高。

（4）刺入异物

摘除刺入的异物，是一项相当麻烦的手术。若没有什么危害，不疼或不妨碍运动时，可以不摘除。

（二）电击外伤

直流电比交流电的危险性小，而高频率的高压交流电比低频率的低压交流电的危险程度要小。但是，即使是 3V 的低压直流电，也曾发生过烧伤的事例。

应急处理方法：救护人员一面注意防止自身触电，一面迅速将触电者拉离电源。切断电源；用木柄斧头切断电线；使电流流向别的回路；或者用干燥的布带、皮带，把触电者从电线上拉开。如果触电者停止呼吸或脉搏停跳，要立刻进行人工呼吸或胸外心脏按压，不要轻易放弃。

第六节　化学实验过程中的人身防护

化学实验经常涉及危险化学品、高压、高温、真空、辐射等危险因素，极易引发实验事故，造成人身伤害。为减少化学实验室人身伤害事故发生的概率，实验过程中人身防护工作非常重要。防范胜于救灾。实验前必须根据潜在的危险因素制订相应的防护方案，实验过程中应采取严密有效的防护措施（包括实验者和来访人员）。化学实验室须为实验者提供实验过程中必要的防护器具。

一、眼部防护

保护眼部至关重要。为避免眼部受伤或尽可能降低眼部受伤的危害，化学实验过程中所有实验者都必须佩戴防护眼镜，以防飞溅的液体、颗粒物及碎屑等对眼部的冲击或刺激，以及毒害性气体对眼睛的伤害。普通的视力矫正眼镜不能起到可靠的防护作用，实验过程中应在校正眼镜外另戴防护眼镜。不要在化学实验过程中佩戴隐形眼镜。

对于某些易溅、易爆等极易伤害眼部的高危险性实验操作，一般的防护眼镜防护能力不够，应采取佩戴面罩、在实验装置与操作者之间安装透明的防护板等更安全的防护措施。操作各种能量大、对眼睛有害的光线时，则须使用特殊眼罩来保护眼睛。

二、手部防护

在化学实验过程中，手部是最易受到伤害的部位。手部保护的重要措施是佩戴防护手套，佩戴防护手套应注意：

（1）佩戴前应仔细检查所用手套（尤其是指缝处），确保质量完好、未老化、无破损；

（2）实验操作过程中若需接触日常物品（如电话机、门把手、笔等），则应脱下防护手套，以防有毒有害物质污染扩散。

防护手套种类很多，以下介绍化学实验室常用的几种类型。

（一）防热手套

此类手套用于高温环境下以防手部烫伤。如从烘箱、马弗炉中取出灼热的药品时，或从电炉上取下热的溶液时，最好佩戴隔热效果良好的防热手套。其材质一般有厚皮革、特殊合成涂层、绒布等。

（二）低温防护手套

此类手套用于低温环境下以防手部冻伤。如接触液氮、干冰等制冷剂或冷冻药品时，需佩戴低温防护手套。

（三）化学防护手套

当实验者处理危险化学品或手部可能接触到危险化学品时，应佩戴化学防护手套。化学防护手套种类较多，实验者必须根据所需处理化学品的危险特性选择最适合的防护手套。如果选择错误，则起不到防护作用。化学防护手套常见的材质有天然橡胶、腈类、氯丁橡胶、聚氯乙烯（PVC）、聚乙烯醇（PVA）等。下面简单介绍各种材质手套的优缺点。

天然橡胶手套：具有天然弹性，使佩戴者触感优良；可抗轻度磨损；抗酸、碱、无机盐溶液的性能较好。但对有机溶剂，尤其是苯、甲苯等芳香族化合物以及四氢呋喃、四氯化碳、二硫化碳等的防护性较差，且易分解和老化。

氯丁橡胶手套：对酸类（包括浓硫酸等）、碱类、酮类、酯类防护性较好，耐切割、刺穿。但耐磨性不如丁腈橡胶或天然橡胶，且对芳香族有机溶剂和卤代烃防护性很差。

聚氯乙烯（PVC）手套：耐磨性良好；对强酸、强碱、无机盐溶液防护性良好。容易被割破或刺破；对酮类和苯、甲苯、二氯甲烷等有机溶剂防护性较差。

聚乙烯醇（PVA）手套：较坚固，耐刺穿、磨损和切割；对脂肪族、芳香族化合物（如苯、甲苯等）、氯化溶剂（三氯甲烷等）、醚类和大部分酮类（丙酮除外）防护性良好。但遇水、乙醇会溶解，不建议适用于无机酸、碱、盐溶液和含乙醇的体系中。

腈类手套：常见的有丁腈手套等。相对橡胶手套和乙烯基类手套而言，腈类手套化学防护性能较好，如对酸、碱、无机盐溶液、油、酯类以及四氯化碳和氯仿等溶剂的防护性良好。但对很多酮类、苯、二氯甲烷等防护性较差。

（四）防刻手套

此类手套主要用于接触、使用锋利物品，或组装、拆卸玻璃仪器装置时防止手部被割伤。常使用杜邦 Kevlar 材料、钢丝、织物或坚韧的合成纱材质。

（五）一次性手套

有些化学实验操作对手部伤害风险较低，而对手指触感要求高时，可佩戴一次性手套。

三、防护服

化学实验过程中实验者必须穿着防护服，以防止躯体皮肤受到各种伤害，同时保护日常着装不受污染（若着装污染化学试剂，则会产生扩散）。普通的防护服（俗称实验服）一般都是长袖、过膝，多以棉或麻作为材料，颜色多为白色。进行一些对身体伤害较大的危险性实验操作时，必须穿着专门的防护服。例如，进行 X 射线相关操作时宜穿着铅质的 X 射线防护服。

不可穿着已污染的实验服进入办公室、会议室、食堂等公共场所。实验服应经常清洗，但不应带到普通洗衣店或家中洗涤。

此外，身体其他部位（如脸部、脚部、头部等）的防护也很重要。因此，实验者不得在实验室穿拖鞋、短裤，应穿不露脚面的鞋和长裤；实验过程中开发应束起。

四、通风柜（橱）

为了防止直接吸入有毒有害气体、蒸气或微粒，所有涉及挥发性有毒有害物质（含刺激性物质）或毒性不明的化学物质的实验操作都必须在通风柜中进行。这样既可避免实验者受到伤害，也可防止污染周围环境，以保障楼内人员的健康。

为了保障排风不受阻碍，一般情况下通风柜内不应放置大件设备，不可堆放试剂或其他杂物。只放当前使用的物品，而且危险化学品及玻璃仪器不宜离柜门太近。

开启通风柜前，应打开进风通道（门、窗等）。如果在开启风机的情况下关闭门窗或其他补风系统，将只会对室内造成较大负压，但实际空气流量却很小。这样非但不能将有害气体从室内排出，反而会将下水道内污浊空气抽入室内，造成新的污染。

进行化学实验操作过程中不可将头伸进通风柜。为了保持足够的风速将有毒有害气体排走，应尽量使柜门放低。

五、紧急洗眼器和紧急喷淋器

为防止实验过程中实验者因化学品喷溅、溢洒等原因而受伤害，化学实验室应安装紧急洗眼器和紧急喷淋器。前者一般安装在实验台水池附近或楼道中间，后者可安装在实验室或楼道中间。实验室负责人有义务对新进实验室的学生和研究人员进行设备使用的培训。管理人员应定期检查和维护设备，确保其正常使用，尤其是紧急洗眼器应至少每周启用一次，查看是否能够正常运行并避免管路中产生水垢。

六、急救药箱

化学实验室应备有急救药箱，以便出现人身伤害事故时进行简单的应急处理。急救药箱内常备药品和医疗器具有：消毒酒精、烫伤膏、创可贴、医用橡皮膏、纱布、镊子、医用绷带、消毒棉球、碘酒（碘酊）、饱和碳酸氢钠溶液、饱和硼酸溶液、催吐剂等。急救药箱一般放置在实验室或实验值班室，保管人员应保持药箱内物品的洁净和有效。

第七节　化学实验室紧急应变程序

一、平时要为应对紧急事故做好准备

安全工作必须坚持预防为主的原则，做到有备无患，防患于未然。平时既要设法避免发生事故，又要随时为可能发生的意外事故做好足够的应对准备（包括意识、知识和技能等方面）。一旦发生紧急事故，应设法使人身损伤和财产损失减至最低限度。这是实验工作者应具备的基本安全素质，也是安全教育和培训的重要目标。平时的准备主要在下述几个方面。

（一）准备应对受伤

个人应学习基本的急救知识，熟悉紧急洗眼器和紧急喷淋器的位置与使用方法，了解实验室急救药箱内各种药品和医疗器具的用途及使用方法。

（二）准备应对火警

个人应学会使用灭火器，熟知灭火器或其他灭火器材的摆放位置，熟知疏散（逃生）方向和通道，了解基本的逃生自救方法，知晓报警方法和报警电话，保持疏散通道的畅通，保持防火门的经常关闭。

安全管理人员应保证消防设备和器材的完好状态，制订消防应急预案，做好安全教育和消防演习，保持防火巡查，及时消除隐患。

（三）准备应对其他实验事故

做好实验前的准备工作对避免发生事故至关重要。

（1）熟悉实验所用的化学试剂和仪器设备。

实验者在设计实验方案时或实验开始之前应知晓该实验所用试剂（尤其是剧毒或易燃易爆危险试剂）的性质，对于不熟悉的化学试剂应查阅化学试剂手册。如果使用危险化学品，应查阅《危险化学品安全技术全书》《常用危险化学品安全手册》等资料。

对于实验所用的仪器、设备，尤其是电热设备或压力设备，必须保证其运行状态正常、性能和质量可靠。不可盲目选用设备进行实验。

实验中使用危险化学品或进行具有一定危险性的实验，应选择合适的场所，严禁在不具备防护条件的场所贸然进行实验。

（2）充分考虑实验潜在的危险性并谨慎地制订操作方案。分析和估计实验潜在的危险性，并在实验开始前制订好缜密的操作程序和安全防护措施。对于已知具有一定危险性的实验，不可一人单独操作或附近无其他人的情况下单独操作。对可能发生的意外事故做好充分准备。

（3）熟悉实验室的水、电、气阀门（开关）位置，以便出现意外事故时及时切断相应阀门（开关），防止事故蔓延。

二、一般紧急应变程序

发生火灾、爆炸等紧急事故时，首先应设法保护人身安全，在确保人身安全的前提下尽可能保护财产、实验记录，及控制事故蔓延。

（一）火警

若发现自己所在实验室起火，火小时应立即选用合适的灭火器材迅速灭火；火大或已危及生命时应尽快撤离（撤离前应争取切断电源、气源并关闭门窗），立即报警。

若发现他人实验室起火，应协助施救和报警。

若听见楼内火警警报，应保持镇定，听从消防广播的指挥。

（二）人身受伤

在紧急事故中若发生严重人身损伤，本人应设法向邻近人员求救，或给保安室、校医院拨打电话求援。必要时拨打 120、999 等急救电话。

在自己确知该如何完成准确的急救操作情况下对伤者进行恰当的应急处理。

事故周围的任何人都有义务立即协助抢救，或护送伤者去医院救治。

（三）人身着火

身上着火时切勿奔跑。如果现场有灭火毯，用毯裹住身体把火熄灭。

若附近有水源（紧急喷淋器、紧急洗眼器、水龙头等），向身上淋水灭火。

无外物借助时，应就地卧倒滚动身体以压灭火焰。

（四）受困电梯内

发生火灾时切勿使用电梯，因为电梯随时可能断电。若受困于电梯内，应采取下述办法求救：按动电梯内的黄色报警按钮（警钟）或利用对讲机与楼内保安中心联系求救；如果有手机，可拨打电梯内提供的救援电话或与楼内其他人员联系求救；如手机失灵或报警无效，可拍门叫喊。不可强行打开电梯门，破坏电梯会发生危险。应耐心等待，伺机求援。

（五）危险品泄漏

实验室若发生危险化学品泄漏，应采取下列应变措施：情况不甚严重时，向同室人员示警；设法制止泄漏；如果涉及易燃气体和易燃液体，应关闭一切火源和热源；启动通风柜（易燃气体除外）并打开窗户；关闭实验室门，并寻求帮助。

情况严重时，应采取下列措施：向邻近人员示警；尽快离开现场；关闭实验室门；寻求帮助；报警。

第八节　急救常识

化学品对人体可能造成的伤害为：中毒、窒息、冻伤、化学烧伤、烧伤等。在事故现场进行急救时，不论患者还是救援人员都需要进行适当的防护。

一、现场急救注意事项

（1）采取有效措施脱离危险状态。迅速将患者脱离现场至空气新鲜处；呼吸困难时给氧，呼吸停止时立即进行人工呼吸，心脏骤停时立即进行心脏按压。

（2）皮肤污染急救。皮肤污染时，脱去污染的衣服，用流动清水冲洗，冲洗要及时、彻底、反复多次；头、面部烧伤时，要注意眼、耳、鼻、口腔的清洗。

（3）冻伤急救。当人员发生冻伤时，应迅速复温，复温的方法是采用38℃～40℃恒温热水浸泡，使其温度提高至接近正常，在对冻伤的部位进行轻柔按摩时，应注意不要将伤处的皮肤擦破，以防感染。

（4）烧伤急救。当人员发生烧伤时，应迅速将患者衣服脱去，用流动清水冲洗降温，用清洁布覆盖创伤面，避免创面污染，不要任意把水疱弄破，患者口渴时，可适量饮水或含盐饮料。

（5）特效药物治疗。使用特效药物治疗，对症治疗，严重者送医院观察治疗。

注意：急救之前，救援人员应确信受伤者所在环境是安全的。另外，人工呼吸及冲洗污染的皮肤或眼睛时，要避免进一步受伤。

二、急救措施

对遭雷击、急性中毒、烧伤、电击伤、心搏骤停等因素所引起的抑制或呼吸停止的伤员可采用人工呼吸和体外心脏控压法，有时两种方法可交替进行，称为心肺复苏（Cardiopulmonary Resuscitation，CPR）。

人工呼吸是复苏伤员一种重要的急救措施，其目的就是采取人工的方法来代替肺的呼吸活动，及时而有效地使气体有节律地进入和排出肺脏，供给体内足够氧气和充分排出二氧化碳、维持正常的通气功能，促使呼吸中枢尽早恢复功能，使处于假死的伤员尽快脱离缺氧状态，使机体受抑制的功能得到兴奋，恢复人体自动呼吸。

体外心脏控压法，是指通过人工方法有节律地对心脏控压，来代替心脏的自然收缩，从而达到维持血液循环的目的，进而恢复心脏的自然节律，挽救伤员的生命。

心肺复苏术的主要目的是保证提供最低限度的脑供血，正规操作的 CPR 手法，可以提供正常血供的 25% ~ 30%。心肺复苏分为 C、A、B，即 C 胸外按压→ A 开放气道→ B 人工呼吸。

（一）C 循环（circulation）——胸外按压

（1）让患者仰卧在硬板或地上。

（2）抢救者右手掌根置于患者胸骨中下 1/3 处或剑突上二横指上方处，左手掌根重叠于右手背上，两手指交叉扣紧，手掌根部放在伤者心窝上方、胸骨下。

（3）抢救者双臂绷直，压力来自双肩向下的力，向脊柱方向冲击性地用力施压胸骨下段，使胸骨下段与其相连的肋骨下陷至少 5 cm，然后放松，但手指不脱离患者胸壁，应均匀（按压与放松的时间相等）、不间断地按压，频率为至少 100 次 / min。

（4）胸外按压与人工呼吸的比例为 30 ：2，连续 5 个周期垂直用力。

（二）A(airway)——开放气道

将病人平卧在平地或硬板上，双上肢放置身体两侧，操作者用左手置于病人前额向下压，同时右手中、食指尖对齐，置于患者下颏的骨性部分，并向上抬起，使头部充分后仰，下颏尖至耳垂的连线与平地垂直，完成气道开放。

如果口腔内有异物，如假牙、分泌物、血块、呕吐物等，首先予以清除。

（三）B 呼吸（breathing）——人工呼吸

口对口人工呼吸：撑开病人的口，左手的拇指与食指捏紧病人的鼻孔，防止呼入的气逸出，抢救人员用自己的双唇包绕病人的口外，形成不透气的密闭状态，然后以中等力量，用 1 ~ 1.5s 的速度呼入气体，观察病人的胸腔是否被吹起。

（四）其他方法

仰卧压胸式人工呼吸，俯卧压背式人工呼吸，仰卧牵臂式人工呼吸等方法。

第六章　实验室安全管理

实验室安全管理工作是确保实验室教学、科研工作正常进行的前提，也是人类追求美好生活、创造和谐社会最基本的要求。为了加强实验室安全管理工作，确保学校师生员工的人身和财产安全，必须以《高等学校实验室工作规程》（1992年国家教育委员会第20号令）的相关规定为依据，做好实验室安全管理工作。面对实验室安全事故的各种形式和隐患，如何避免实验室安全事故、及时处理实验室事故、消除安全隐患，是高校管理工作者必须面对的问题。因此，搞好实验室安全管理需要制定相应的对策，实行科学化、规范化管理，切实将安全管理落实到实验室管理之中。

第一节　实验室安全守则

为了确保实验室安全，实验室应有基本的安全守则，各实验室主管还必须自行建立具体安全细则，实验人员必须明确所有规则后方进行实验。实验室要有专人定期进行安全检查。

一、实验室基本的安全守则

（1）开始任何新的或更改过的实验操作前，需了解所有物理、化学、生物方面的潜在危险，及相应的安全措施。使用化学药品前应先了解常用化学品危险等级、危险性质及出现事故的应急处理预案。

（2）进入实验室工作的人员，必须熟悉实验室及其周围的环境，如水阀、电闸、灭火器及实验室外消防水源等设施位置，熟练使用灭火器。

（3）在实验进行过程中，不得随意离开岗位，要密切注意实验的进展情况。

（4）进入实验室的人员需穿全棉工作服，不得穿凉鞋、高跟鞋或拖鞋；留长发者应束扎头发；离开实验室时须换掉工作服。

（5）进行可能发生危险的实验时，要根据实验情况采取必要的安全措施，如戴防护眼镜、面罩或橡胶手套等。

（6）实验用化学试剂不得入口，严禁在实验室内吸烟或饮食饮水。实验结束后要细心洗手。

（7）正确操作气体钢瓶，熟悉各种钢瓶的颜色和对应气体的性质。气体钢瓶、煤气用毕或临时中断，应立即关闭阀门，若发现漏气或气阀失灵，应停止实验，立即检查并修复，待实验室通风一段时间后，再恢复实验。

（8）使用电器时，谨防触电。不许在通电时用湿手接触电器或电插座，实验完毕，应将电器的电源切断。

（9）禁止明火加热，尽量使用油浴加热设备等；温控仪要接变压器，过夜加热电压不超过 110V；各种线路的接头要严格检查，发现有被氧化或被烧焦的痕迹时，应更换新的接头。

（10）实验所产生的化学废液应按有机、无机和剧毒等分类收集存放，严禁倒入下水道。充分发挥环境科学的特长，以废治废，减少废物，如含银废液回收利用、稀溶液配制浓溶液、废酸和废碱处理再用等。

（11）易燃、易爆、剧毒化学试剂和高压气瓶要严格按有关规定领用、存放、保管。

（12）实验室工作人员必须在统一印制且编有编号和页码的实验记录本上详细记录，计算机内所存数据只能作为附件，不能作为正式记录；实验记录必须即时、客观、详细、清楚，严禁涂改、撕页和事后补记；不得用铅笔记录；实验记录严禁带出实验室；毕业或调离实验室的人员必须交回已编号的原始实验记录本，并经实验室负责人和相关人员核准后方能办理离校手续。

（13）实验室内严禁会客、喧哗，严禁私配和外借实验室钥匙。

（14）实验人员或最后离开实验室的工作人员应检查水阀、电闸、煤气阀等，关闭门、窗、水、电、气后才能离开实验室。

二、实验室管理及维护

对实验室应加强管理，并认真做好实验设备设施的维护工作，以保证实验室安全平稳地运行。要求做到以下几点。

（1）保持实验室范围整洁，避免发生意外。每个实验结束及每日完成所有实验后，应将实验台、地面打扫干净，所有试剂药品归位。

（2）所有化学废料要根据危险级别分类，并贮存在指定容器内，定期处理。

（3）实验室地面应长期保持干爽。如有化学品泄漏或水溅湿地面，应立即处理并提醒其他工作人员。

（4）楼梯间及走廊严禁存放物品，保持通道畅通，可方便地取得安全紧急用具或到达气体阀门。

（5）所有实验室设施，如通风橱、离心机、真空泵及加热设施等均需定期检查维修。维修工作需由认可人员执行，并予以记录。

三、安全警示

为了方便了解各个实验室的安全因素，出现事故时能快速地反应，使损失降到最低，必须在每个实验室的合适位置安装安全警示牌。

（1）每个实验室入口处张贴安全警示牌，列明该实验室内各种潜在危险，以及进入实验室时应佩戴哪些安全设施；

（2）警示牌上列出紧急联络人员或安全责任人的名单及电话，若发生火警、化学品泄漏等意外，可寻求以上人员协助。

四、无人在场实验的安全

由于科研及实验的需要，某些实验过程需长时间连续进行，应制定相应的规则，确保实验室的安全。

（1）有些实验过程涉及危险化学品，并需在无人在场的情况下持续甚至通宵进行，责任人必须做好预防措施，特别要考虑到当公用设施，如电力、煤气及冷却水等中断时应如何应变控制与处理；

（2）小心存放化学品及仪器，热源周围应无易燃、易爆物质，以防止着火、爆炸及其他突发事故发生；

（3）实验室内的照明系统必须保持开启，实验室大门外应张贴告示，列明其内使用哪些危险品、紧急事故报警电话及联络人的联系方式；

（4）如有需要，应安排保安人员定时巡查。

第二节　实验室安全管理对策

一、健全实验室安全管理机构，明确管理职责

实验室由于专业不同、门类较多，需要有专门的机构负责实验室安全方面的管理。从上至下要建立实验室的安全管理体系，有明确的安全管理层次和安全职责，由校级安全管理职能部门统一负责与实验室有关的安全管理工作，并在各院、系、实验室设立专职或兼职的安全岗位，使实验室安全工作做到上头有人抓、下头有人管，从体制上解决实验室安全工作管理机构的完善问题。

二、建立健全实验室安全管理机制，明确职责范围

制度是做好实验室安全管理工作的保证。对于实验室主任、实验室工作人员，要有明确的职责范围、工作流程，要具有一定强制性和约束力，明确规定进入实验室的安全工作程序、一系列安全工作规范，使实验人员在实验室工作中有法可依、有章可循。有关实验室安全的管理制度包括实验室安全管理规则、实验室安全卫生守则、危险化学品管理办法、剧毒品管理办法、病原微生物的管理与使用规定、放射性同位素与射线装置使用管理规定、实验室安全用电管理规定、特种设备或高档设备安全使用管理办法、压力气瓶安全使用管理规定和危险化学品废物处理规定等。

三、重视安全基础性工作，加强安全标准化建设

实验室安全的基础性工作是大力加强安全标准化实验室建设，着重从以下四个方面展开。

（1）实验室安全运行组织管理标准化。主要是制定以实验室安全运行为目标的实验室安全管理全过程的各项详细的、可操作的管理标准。

（2）实验室安全条件标准化。主要是保证实验室房屋及水、电、气等管线设施规范，实验室设备及各种附件完好，实验室现场布置合理、通道畅通，实验室安全

标志齐全、醒目直观。实验室安全防护设施与报警装置齐全可靠，紧急事故抢救设施齐全。

（3）实验室安全操作标准化。主要针对各实验室的单个实验或高档仪器设备制定操作程序和管理规范，实现标准和规范化操作。

（4）实验室安全教育制度化。定期进行实验室的必要安全教育工作，做到"未雨绸缪，防患于未然"。同时做好实验室安全通报工作。

四、建立安全岗位责任制，落实安全责任

加强安全责任，首先从签订安全责任书入手，领导要加以重视，层层落实安全管理责任。学校与主管院长、主管院长与实验教学中心主任、实验教学中心主任与实验室安全责任人分别签订安全责任书，通过层层签订将责任人连接在一起。在落实实验室安全管理责任方面，可采取将实验室安全负责人和实验室安全员的姓名以标牌的形式贴于实验室房间的门上，还可把实验楼内所有实验室房间的安全负责人和安全员的通信地址、联络电话汇集成册。同时向每个实验室派发实验室安全岗位查询记录本，记录内容要求检查房屋、水、电、设备状况，危险品存放状况，灭火器、门窗状况等。并要求实验室主任和实验室管理部门安全负责人定期检查记录签字，充分调动全体实验室人员的责任心。

五、加大实验室安全设施的投入，提高安全系数

对现有的实验室在防火、防爆、防毒、防盗、防辐射、防传染等安全设施方面加大投资力度，根据实验室危险因素的具体情况，更新、改造、配备必要的劳动保护设施和用品，安装必要的实验消防、通风、防爆设备，以期及早发现隐患，杜绝事故发生。

六、加强实验室安全教育，进行安全培训

安全教育是防止事故发生的预防性工作。实验室管理层要充分重视实验室安全教育工作，制定安全教育制度和长期的安全教育培训规划，加大实验室安全教育的投入，定期组织进入实验室工作的教师和对学生进行系统安全技术知识学习的培训，强化安全意识，做好安全管理工作。学校应开设安全教育网页，开辟安全教育专栏，定期组织安全教育讲座，进行一些灭火、自救的演习，不断提高有关人员的安全技

术水平，熟练掌握事故应急处理方法，使每一个在实验室工作和学习的人员都具备处置突发事件的能力。

七、进行实验室危险源辨识，安全检查，促进整改

安全检查对提高工作人员的安全责任心，强化安全意识，及时发现并消除安全隐患具有非常重要的作用。要对实验室进行危险源的辨识和评价，通过危险源的辨识，进行实验室安全隐患的排查，通过检查找出不足、查出隐患，督促实验室整改，起到举一反三的作用。尤其是由学校领导带队，包括保卫部门、实验室管理部门、各院主管领导及内行专业人士参加的互查，更能对实验室安全管理起到推动作用。实践证明，通过安全检查请主管领导及安全内行专业人士亲自到现场去看、查找安全隐患，其整改成效非常显著。

八、制订实验室安全事故应急预案及救援预案，应对突发事件

俗话说，"不怕一万，就怕万一"，因此要做到临危不乱，必须事先制订实验室安全事故应急预案及救援预案。

应急预案可以包括以下几方面：①根据国家有关法规及实验室客观实际情况分类，设置应急处理组织，分级制订应急预案内容，并具有实用性和可操作性，利于做出及时的应急响应，明确应急各方的职责和响应程序，准确、迅速控制事故；②要对实验室进行危险分析，在危险因素辨识、事故概率及隐患的分析评估基础上，确定实验室可能发生的事故危险源，制定可能发生的事故处理原则、主要操作程序与要点，并对事先无法预料的突发事故进行应急指导；③进行应急能力评估，如应急人员、应急设施、应急物质、应急控制包括实验室门锁、水源、电源开启或关闭，以便能直接提高应急行动的快速有效性。

救援预案内容可以包括以下几方面：①实验中引起的爆炸火灾安全事故；②突发危险品污染事件；③剧毒化学品和易致毒化学品及放射性物质源丢失安全事故；④特种设备包括锅炉、压力容器爆炸等重大安全事故；⑤危险化学品造成人身伤害的安全事故；⑥意外断水、断电引发实验室渗水、加热事故，设备损坏事故。

九、营造校园安全文化氛围，增强全员安全观念

营造安全文化氛围是提高全员安全意识和增强全员安全观念的有效途径。校园

安全文化可以让师生接受安全教育和熏陶，提高安全素质。让"事事要求安全、人人需要安全"的安全理念、"以人为本、预防在先"的安全思想和"安全规程、必须遵守"的安全准则深入人心，成为人们自觉行动的一部分。

第三节　实验室安全管理系统

实验室都涉及基本的目标：第一是人力与设备资源的有效使用；第二是样品的快速处理（检测或制备）；第三是高质量的实验数据结果。因此，一个良好的实验室不仅包括优秀的研究人员和优良的实验仪器设备，更需要有优秀的管理。因而，实验室的管理系统主要包括三个方面：功能健全且能满足所开展实验工作所要求的组织机构；相关实验工作的质量保证体系；有保证实验工作公正、科学、有效的配套措施。

一、组织机构

任何一个实验室都必须有完整的组织机构，包括下设的各分实验室和所配备的相应的工作人员。在组织机构的框架中，需要有相应的工作分工与职责的明确要求，使所有人员能按要求各司其职并各尽所能。

二、质量保证体系

质量保证体系是实验室工作的关键环节之一，包括科学完整的实验工作流程和作业指导规范性文件、一整套完善的规章制度（各科室及负责人的岗位责任制、各层次人员的工作职责和积极有效的管理措施）。各科室需设专人负责对各实验环节（过程）进行监督，以确保整个实验室工作在良好管理和有效监督中正常运行。同时，定期或不定期参加同行的交流和实验比对也是促进实验结果质量的重要手段。这不仅需要制定有效的《质量手册》（规定组织质量管理体系的文件，作为质量审核的依据）和《程序文件》（描述为完成某项活动所规定的方法的文件，是质量手册的支持性文件），更需要有运行正常的质量保证体系。

三、公正性保证

在确保各类人员的良好素质和职业道德的基础上，各实验室还需有一系列的措施以保障实验室工作的公正性，杜绝各类实验数据造假和泄露事件的发生。

四、实验室的环境保证

为保证实验的正常进行，实验室的环境应满足以下条件。

（1）满足实验室工作任务的要求，其中部分实验室（包括分析实验室及平时存放仪器设备的仪器室）的环境（温度、湿度和其他要求）应满足相应仪器设备使用保管的技术要求，对涉及电磁检测设备的实验室要有电磁屏蔽设施，应用放射源的实验室必须有放射屏蔽设施。仪器室应配备供检查仪器用的试验台，较大型的仪器还应有方便检修的维修通道。

（2）实验室应保持清洁、整齐，精密大型仪器室应有更衣换鞋的过渡间。

（3）检测仪器设备的放置应便于操作人员的操作，不能将实验室兼做检测人员的办公室。

（4）实验室应配备防火安全设施。室内管道和电气线路的布置要整齐，电、水、气要有各自相应的安全管理措施。化学品的放置应合乎安全管理的要求。

（5）实验室应配备必要的安全防护器具，如防毒面具、橡皮手套、防护眼镜等。

（6）"三废"处理室应满足环保部门的要求。噪声大的设备需与操作人员的工作间隔离，工作环境的噪声不得大于 70dB。

实验室工作环境的部分具体条件如下：

（1）电源电 220V 及（380±10）V，配备稳压电源，计算机配不间断电源；

（2）电磁屏蔽，特殊仪器室用双层铜丝网或铁皮屏蔽；

（3）仪器室温度，（25±5）℃（用空调控制）；

（4）仪器室湿度，＜70%（用去湿机控制）；

（5）仪器室噪声，＜55dB，外部噪声可由双层窗阻隔；

（6）仪器室防震，采用防震沟；

（7）天平安装，加防震座；

（8）实验准备室，必须有通风柜；

（9）防火设施，配备灭火器。

五、实验测量数据的采集技术和处理方法

测量是为确定特定样本所具有的可用数量表达的某种（些）特征而进行的全部操作。实际上，要获得样本的特定信息（如样品中某组分含量）就需要检查该样本，方法有全数检查（对全部产品逐个检查）和抽样检查（从全部样本中抽取规定数量样本进行检查）。生产单位对不合格产品进行剔除时均采用全数检查方式，而常规检测机构则都采取抽样检查方式。

（一）抽样检查的基本概念

抽样调查是根据部分实际调查结果来推断总体标志总量的，该方法建立在概率统计基础上，以假设检验为理论依据。抽样检查的对象通常为有一定产品范围的"批"。抽样检查需面对三个问题：抽样方式（如何从批中抽取样品方能保证抽样的代表性）、样本大小（抽取多少个样品才是合理的）和判定规则（如何根据样品质量数据判定批产品是否合格）。

（二）抽样检查的类别

产品质量（或某些计量参数）检验中，通常是首先以相应的技术标准（如国家标准、部颁标准、行业标准或企业标准）对拟检验项目进行检查，然后对检测到的质量特性分别进行判定。在判定时必然涉及"不合格"和"不合格品"两个概念，所谓"不合格"是对单位产品的质量特性进行的判定，而"不合格品"则是对单位样品质量进行的判定，即至少有一项质量特性不合格的单位产品。一个样品可以有多个质量特性需要检测，一个"不合格品"也可以有多个"不合格"项。

检查目的不同时所需抽样的方法不相同，大致可以分为如下四类。

1.计数抽样检查

根据对受检的某批次样品中产品性质判定要求不同，计数抽样检查可分为计件抽样和计点抽样。

（1）计件抽样检查。确定样品是"合格品"还是"不合格品"的检查，即以一批次样本中不合格品的数量为考察依据。

（2）计点抽样检查。仅为确定产品的不合格数而不需考虑单位产品是否合格的检查。

由于抽样检查时无法确切知道批质量的大小，只能根据样本质量推断批质量。由于样本对批有代表性，因而可以认为：当样本大小确定后，样本中的不合格品数

小的 p 值小，即批质量高。因而，需要确定合理的样本数 n 和可以接受的不合格品数 A（A ≥ d）。

2. 计量抽样检查

计量抽样检查是定量地检查从批中随机抽取的样本，利用样本特性值数据计算相应统计量，并与判定标准比较，以判断产品批是否符合要求。计量抽样检查能提供更多关于被检特性值的信息，它可用较少的样本量达到与计数抽样检验相同的质量保证。计量抽样检验的局限性在于它必须针对每一个特性制订一个抽样方案，在产品所检特性较多时就较为烦琐；同时要求每个特性值的分布应服从或近似服从正态分布。

3. 验收抽样检查

验收抽样检查是指需求方对供应方提供的待检查批进行抽样检查，以判定该批产品是否符合合同规定的要求，并决定是接收还是拒收。目前，绝大多数的抽样检查（包括理论研究和实际应用，以及相应的各类标准）是针对验收检查的。验收检查可以由供需双方的任一方进行，也可以委托独立于双方的第三方进行。

4. 监督抽样检查

产品的监督检查是主管部门的宏观质量管理工作。监督抽样检查是由第三方对产品进行的决定监督总体是否能够通过的抽样检验。监督抽样检查的对象是监督总体，即监督产品的集合（批），可以是同厂家、同种型号、同一生产周期生产的产品，也可以是不同厂家、不同型号、不同生产周期生产的产品集合。因各种原因监督抽样检查往往以小样本抽样的方法，但当监督抽查通不过时，可以对不在场的产品进行合理追溯。在具体操作中，类似于验收检查中对孤立批的抽样。

（三）抽样方法

抽样方法也就是从检查批中抽取样本的方法，要保证所抽样本既能代表被检查批的特性，也能反映检查批中任一产品的被抽中纯属随机因素决定。目前，常用的抽样方法有单纯随机抽样、系统随机抽样、分层随机抽样、整群随机抽样和多级随机抽样。在现状调查中，后三种方法较常用。

1. 单纯随机抽样

将所有研究对象顺序编号，再用随机的方法（可利用随机数字表等方法）选出进入样本的号码，直至达到预定的样本数量为止。因而，每个抽样单元被抽中选入样本的机会是均等的。单纯随机抽样法适用于对总体质量完全未知的情况，其优点是简便易行，缺点是在抽样范围较大时，工作量太大难以采用，或在抽样比例较小时所得样本代表性差。

2. 系统随机抽样

按一定顺序，机械地每隔一定数量的单位抽取一个单位进入样本，每次抽样的起点是随机的。如抽样比为 1/20 且起点随机地选为 8，则第一个 100 号中入选的编号依次为 8、28、48、68、88。系统抽样法适用于对总体的结构有所了解的情况。如果批内产品质量的波动周期与抽样间隔相等时代表性最差。

3. 分层随机抽样

如果一个批是由质量特性有明显差异的几个部分所组成的，则可将样本按差异分为若干层（层内质量差异小而层间差异明显），然后在各层中按一定比例随机抽样。如果对批内质量分布了解不准确或分层不正确时，抽样效果将适得其反。

分层随机抽样可分为按比例分配分层随机抽样（各层内抽样比例相同）和最优分配分层随机抽样（内部变异小的层抽样比例小，内部变异大的层抽样比例大）两类。

4. 多级随机抽样

先将一定数量的单位产品组合成一个包装，再将若干个包装组成批。此时，第一级抽样以包装为单元，即从批中抽出 k 个包装；第二级抽样再从 k 个包装中分别抽出 m 个产品组成一个样本（样本容量 n=km）。多级随机抽样法的代表性和随机性都比简单随机抽样法要差。

5. 整群抽随机样

将分级随机抽样中所抽到的几个包装中的所有产品都作为样本单位的方法，该法相当于分级随机抽样的特例。同样，该法的代表性和随机性同样不高。

（四）测量数据处理

有关有效数字、数值修约、运算规则、测量误差等概念已经在大中专教材中多次论述，不在本手册讨论范围。下面仅述及与之相关的其他统计处理的概念和方法。

1. 修正值与修正因子

众所周知，系统误差与被测特性值间的差异是由固定因素引起的，因而是可以校正的，即可以用修正值或修正因子进行补偿。

为补偿系统误差而与未修正的测量结果值相加的值即为修正值，修正值相当于负的系统误差。如用重量法测定样品中硅含量时，由于溶解度的影响使少量硅存在于滤液中而产生系统误差，此时可以用其他方法（如分光光度法）测定残留硅含量（ΔW）后与重量法测定值（W）相加而予以补偿。ΔW 即为该测定的修正值。

为补偿系统误差而与未修正的测量结果值相乘的数字即为修正因子。如天平不等臂或测量电桥臂不对称都将对称量结果产生倍数误差，可以通过乘一个修正因子而得以补偿。

由于系统误差是不能在事先获知准确值的，且修正值和修正因子的测量本身也具有一定的不确定性，因而，利用修正值或修正因子对测定结果的补偿是不完全的。但毕竟已经进行了修正，即便仍有较大的不确定度，仍可能更接近被测量特性的真实值。不过，不能把已修正的测量结果的误差与测量不确定度相混淆。

2. 测量不确定度

测量的目的是确定被测量特性的量值，测量结果的品质则是量度测量结果可信程度的最重要依据，测量不确定度（表征合理地赋予被测量之值的分散性，与测量结果相联系的参数）就是对测量结果之质量的定量表征。顾名思义，测量不确定度是对测量结果的可信程度及有效性的不肯定（或怀疑）程度，测量结果的可用性很大程度上取决于其不确定度的大小。要注意的是，测量不确定度只是说明被测量值之分散性，并不表示测量结果本身是否接近真值。所以，测量结果表述必须同时包含赋予被测量的值及与该值相关的测量不确定度，才是完整并有意义的。

在实践中，测量不确定度来源于因测量过程条件不充分而引入的随机性和因事物本身概念不够明确提出而带来的模糊性。其可能的来源有：

（1）对被测量的定义不完整或不完善；

（2）实现被测量的定义的方法不理想；

（3）取样的代表性不够，即被测量的样本不能代表所定义的被测量；

（4）对测量过程受环境影响的认识不周全，或对环境条件的测量与控制不完善；

（5）对模拟仪器的读数存在人为偏移；

（6）测量仪器的分辨力或鉴别力不够；

（7）赋予计量标准的值和参考物质（标准物质）的值不准；

（8）引用于数据计算的常量和其他参量不准；

（9）测量方法和测量程序的近似性和假定性；

（10）在表面看来完全相同的条件下，被测量重复观测值的变化。

一般情况下，测量不确定度可以用标准偏差 s 表示。在实际使用中，往往还希望知道测量结果的置信区间。因此，在 JJF 1001—1998 中规定：测量不确定度也可用标准偏差的倍数或说明了置信水准的区间的半宽度表示。为了区分这两种不同的表示方法，分别称它们为标准不确定度和扩展不确定度。

对标准不确定度，其来源部分可以用测量结果的统计分析方法来评价（称为不确定度的 A 类评价），而另一些则需要用其他方法（如经验公式、资料、手册等）进行考察（称为不确定度的 B 类评价）。"A"类与"B"类表示不确定度的两种不同的评定方法，并不意味着两类评定之间存在本质上的区别。同时，如果测量结果是根据若干个其他测量求得，则按其他各量的方差计算得到的标准不确定度称为合成标准不确定度。

3. 量值溯源

任何测量都涉及计量问题，而计量是指"实现单位统一、量值准确可靠的活动"，具有准确性、一致性、溯源性和法制性。计量不同于一般的测量活动，是与测量结果置信度有关的且与不确定度紧密相关的规范化测量。

计量的重要特征之一的溯源性是指任何一个测量结果（或计量标准的值）都应该能通过一条有规定不确定度的连续比较链与法定的计量基准相联系。因而，所有的同种量值都可以依这条比较链通过校准或其他合适的手段追溯到测量的源头——同一个国家的或国际的计量基准，使计量的准确性和一致性得到技术保证。因而，"量值溯源"就是自下而上经不间断校准而构成其溯源体系，而"量值传递"则是自上而下由逐级检定而构成其检定体系。

在测量过程中必然会用到计量器具（用来测量并能得到被测量对象确切值的工具或装置）。按计量学用途的不同，计量器具可以分为计量基准、计量标准和工作用计量器具三类，其中计量基准和计量标准主要用于对工作用计量器具的检定（为评定计量器具的准确度、稳定度、灵敏度等计量性能并确定其是否合格而进行的全部工作）。《中华人民共和国强制检定的工作计量器具目录》规定了55类111种工作计量器具必须进行强制检定，包括天平、压力计、酸度计、分光光度计、声级计等。而卡尺、温度计、压力计、电流表、秒表、光密度计、色谱仪、湿度计以及大量的标准物质则归入非强制检定范围。

（五）常规分析的质量管理与质量控制图

质量控制图最早于1942年由美国人W.A.Shewhart提出并应用于生产管理中，后推广于实验室的内部质量管理。该方法的特点是简单、有效，可用于监控日常测量数据的有效性。Shewhart认为，虽然一组分析结果会因随机误差而存在差异，但当某个结果超出了随机误差的允许范围时，运用数理统计方法可以判断这个结果是否属于异常而不足信。实验室每项分析工作都由许多操作步骤组成，测定结果的可信度受到诸多因素影响，对每个步骤和因素都建立质量控制图是无法做到的，因此只能根据最终测量结果来进行判断。

1. 质量控制图的制作

以某实验进行室内空气中甲醛含量检测工作为例，取$50.00\mu g/m3$的标准空气样在不同时间按国标GB/T 50326—2006（规定室内空气甲醛含量须低于$50.00\mu g/m3$）进行了30次（应不少于20次）测定，计算出测量的平均值和标准偏差。先以时间为横坐标，测量值为纵坐标，将各点描绘于图中。然后以其平均值 $\overline{X}$ =50.01μg/m3 为中心线，以 X =±2s 分别作一条直线（称为"警告限"，图中虚线），再以 X =±3s 分别作一条直线（称为"控制限"，图中实线）。

2. 质量控制图的解读

根据误差控制要求，人们总是希望所有的测量点都落在 $\overline{X}$ ±2s 之间，以满足精密度的需求。如果某一时间的测量值落在 $\overline{X}$ ±3s（上下控制限）以外，则测量值不可靠，说明该次（或该段时间）测量的操作过程有问题，可能存在过失误差、仪器失灵、试剂变质、环境异常等原因，需查明后重新测定，直至数据重新回到警告限内。

在质量控制图的管理中，要满足：连续 25 次测定都应在控制限内；连续 35 次测定在控制限外的点不大于 1 个；连续 100 次测定中在控制限外的点不大于 2 个（超过的点需要寻找原因改进之）。同时还需注意以下情况。

（1）在中心线一侧连续出现的点称"连"，其点数称"连长"。连长大于 7 为异常。

（2）数据点逐渐上升或下降的现象称为"倾向"，倾向大于 7 为异常。

（3）中心线一侧的点连续出现且符合下列情况者为异常：连续 11 点中至少有 10 点，连续 14 点中至少有 12 点，连续 17 点中至少有 14 点，连续 20 点中至少有 16 点。

（4）数据点屡屡超出警告限而接近控制限为异常：连续 3 点中至少 2 点；连续 7 点中至少 3 点；连续 10 点中至少 4 点。

所有这些规则都是根据小概率事件原理而定出的。在积累了更多数据后，可重新计算平均值和标准偏差，再校正原来的控制图。

六、优良实验室的能力验证

所谓"能力验证"，就是利用实验室间的比对来确定实验室检测及校准能力的一类活动，也就是为确保所考察的实验室维持其较高的校准/检测水平而对其能力进行的考核、监督和确认的活动。在评价该实验室是否具有胜任其所从事的校准/检测功能能力之外，该类活动还具有以外部活动促进内部质量控制、以专家评审促进实验室改进检测活动的作用，同时，也能增加客户对实验室检测能力的信任。

能力验证活动有以下六种形式：（1）实验室间的量值比对；（2）实验室间的检测比对；（3）定性检测能力比对；（4）分割样品的检测比对；（5）已知值的检测比对；（6）部分检测过程的比对。其中，形式（4）的活动最为典型，也最方便进行同行的共同验证。而形式（5）和形式（6）两类比对活动较为特殊，参加的实验室相对较少。

虽然能力验证活动是一种很有意义的质量检测活动，但并不是任何机构或个人都可以组织实施的。国家认证认可监督管理委员会于 2006 年发布了《实验室能力验证实施办法》(国家认监委 2006 年第 9 号公告)，规范了能力验证活动的开展。

第四节 化学实验室安全操作规程

化学实验室操作和实验室内贮存、使用及弃置化学品的安全操作规程，实验人员必须遵守。化学品包括化学元素、化合物、混合物、商业用化工产品、清洁剂、溶剂及润滑剂等。大多数化学品都具有毒性、刺激性、腐蚀性、致癌性、易燃性或爆炸性等危险危害性。有些化学品单独使用时是安全的，但实验中按实验安排或意外跟其他化学品混合，却可能有危险，故接触和使用化学品的人员必须清楚知道化学品单独使用或其他化学效应可能引起的危险情况，并采取适当的控制和预防措施。

一、化学实验室安全操作若干具体规程

（1）化学实验时应打开门窗和通风设备，保持室内空气流通；加热易挥发有害液体、易产生严重异味、易污染环境的实验时应在通风橱内进行。

（2）所有通气或加热的实验（除高压反应釜）应接有出气口，防止因压力过度升高而发生爆炸。需要隔绝空气的，可用惰性气体或油封来实现。

（3）实验操作时，保证各部分无泄漏（液、气、固），特别是在加热和搅拌时无泄漏。

（4）各类加热器都应该有控温系统，如通过继电器控温的，一定要保证继电器的质量和有效工作时间，容易被氧化的各个接触点要及时更换，加热器各种插头应该插到位并紧密接触。

（5）实验室各种溶剂和药品不得敞口存放，所有挥发性和有气味物质应放在通风橱或橱下的柜中，并保证有孔洞与通风橱相通。

（6）回流和加热时，液体量不能超过瓶容量的 2/3，冷却装置要确保能达到被冷却物质的沸点以下；旋转蒸发时，不应超过瓶容积的 1/2。

（7）熟悉减压蒸馏的操作程序，不要发生倒吸和爆沸事故。

（8）做高压实验时，通风橱内应配备保护盾牌，工作人员必须戴防护眼镜。

（9）保证煤气开关和接头的密封性，实验人员应可独立检查漏气的部位。

（10）实验室应该备有沙箱、灭火器和石棉布，必须明确何种情况用何种方法灭火，熟练使用灭火器。

（11）需要循环冷却水的实验，要随时监测实验进行过程，不能随便离开人，以免减压或停水发生爆炸和着火事故。

（12）各实验室应备有治疗割伤、烫伤及酸、碱、溴等腐蚀损伤的常规药品，清楚如何进行急救。

（13）增强环保意识，不乱排放有害药品、液体、气体等污染环境的物质。

（14）严格按规定放置、使用和报废各类钢瓶及加压装置。

二、实验室使用和储存危险化学品须知

根据 2002 年版《危险化学品名录》，实验室危险化学品可分八类：爆炸品；压缩气体和液化气体；易燃液体；易燃固体、自燃物品和遇湿易燃物品；氧化剂和有机过氧化物；有毒品；放射性物品；腐蚀品。在使用和储存危险化学品时，必须按照标准或规范进行，并加强管理，避免危险事故的发生。

以下按上述分类，对各类危险化学品及其使用和储存的注意事项做简要介绍。

（一）爆炸品

2，4，6—三硝基甲苯别名：TNT 或茶色炸药；分子式：$CH_3C_6H_2(NO_2)_3$、环三次甲基三硝胺 [别名：黑索金，$C_3H_6N_3(NO_2)_3$]、雷酸汞 [$Hg(ONC)_2$] 等。

注意事项：

（1）应储存在阴凉通风处，远离明火、远离热源，防止阳光直射，存放温度一般在 15 ~ 30℃，相对湿度一般在 65% ~ 75%；

（2）使用时严防撞击、摔、滚、摩擦；

（3）严禁与氧化剂、自燃物品、酸、碱、盐类、易燃物、金属粉末储存在一起。

（二）压缩气体和液化气体

易燃气体，如正丁烷、氢气、乙炔等。

不燃气体，如氮、二氧化碳、氖、氩、氦、氖等。

有毒气体，如氯（Cl_2）、二氧化硫（别名：亚硫酸酐）、氨等。

注意事项，同各类钢瓶管理规定。

（三）易燃液体

汽油（C_5H_{12} ~ $C_{12}H_{26}$）、乙硫醇、二乙胺 [(C_2H_5)$_2$NH]、乙醚、丙酮等。

注意事项：

（1）应储存在阴凉通风处，远离火种、热源、氧化剂及酸类物质；

（2）存放处温度不得超过 30℃；

（3）轻拿轻放，严禁滚动、摩擦和碰撞；

（4）定期检查。

（四）易燃固体、自燃物品和遇湿易燃物品

1. 易燃固体

N，N—二硝基五亚甲基四胺（CH2）5（NO）2N4、二硝基萘、红磷等。

注意事项：

（1）应储存在阴凉通风处，远离火种、热源、氧化剂及酸类物质；

（2）不要与其他危险化学试剂混放；

（3）轻拿轻放，严禁滚动、摩擦和碰撞；

（4）防止受潮发霉变质。

2. 自燃物品

二乙基锌、连二亚硫酸钠（Na2S2O4·2H2O）、黄磷等。

注意事项：

（1）应储存在阴凉、通风、干燥处，远离火种、热源，防止阳光直射；

（2）不要与酸类物质、氧化剂、金属粉末和易燃易爆物品共同存放；

（3）轻拿轻放，严禁滚动、摩擦和碰撞。

3. 遇湿易燃品

三氯硅烷、碳化钙等。

注意事项：

（1）存放在干燥处；

（2）与酸类物品隔离；

（3）不要与易燃物品共同存放；

（4）防止撞击、震动、摩擦。

（五）氧化剂和有机过氧化物

1. 氧化剂

过氧化钠、过氧化氢溶液（40%以下）、硝酸铵、氯酸钾、漂粉精 [次氯酸钙，3Ca（OCl）2·Ca（OH）2]、重铬酸钠等。

注意事项：

（1）该类化学试剂应密封存放在阴凉、干燥处；

（2）应与有机物、易燃物、硫、磷、还原剂、酸类物品分开存放；

（3）轻拿轻放，不要误触皮肤，一旦误触，应立即用水冲洗。

2. 有机过氧化物

过乙酸（含量为 43%，别名过氧乙酸）、过氧化十二酰 [（C11H23CO）2O2]、过氧化甲乙酮等。

注意事项：

（1）存放在清洁、阴凉、干燥、通风处；

（2）远离火种、热源，防止日光暴晒；

（3）不要与酸类、易燃物、有机物、还原剂、自燃物、遇湿易燃物存放在一起；

（4）轻拿轻放，避免碰撞、摩擦，防止引起爆炸。

（六）有毒化学试剂：剧毒和毒害试剂

（1）剧毒类化学试剂。无机剧毒类化学试剂，如氰化物、砷化物、硒化物，汞、铍、铊、磷的化合物等。有机剧毒类化学试剂，如硫酸二甲酯、四乙基铅、醋酸苯等。

（2）毒害化学试剂。无机毒害化学试剂类，如汞、铅、钡、氟的化合物等。有机毒害化学试剂类，如乙二酸、四氯乙烯、甲苯二异氰酸酯、苯胺等。

注意事项：

（1）有毒化学试剂应放置在通风处，远离明火、热源；

（2）有毒化学试剂不得和其他种类的物品（包括非危险品）共同放置，特别是与酸类及氧化剂共放，尤其不能与食品放在一起；

（3）进行有毒化学试剂实验时，化学试剂应轻拿轻放，严禁碰撞、翻滚以免摔破漏出；

（4）操作时，应穿戴防护服、口罩、手套；

（5）实验时严禁饮食、吸烟；

（6）实验后应洗澡和更换衣物。

（七）放射性物品

如钴 60、独居石 [化学式为（Ce，La，Th）（PO4），晶体属单斜晶系的磷酸盐矿物]、镭、天然铀等。

注意事项：

（1）用铅制罐、铁制罐或铅铁组合罐盛装；

（2）实验操作人员必须做好个人防护，工作完毕后必须洗澡更衣；

（3）严格按照放射性物质管理规定管理放射源。

（八）腐蚀性化学试剂

酸性腐蚀性化学试剂如硝酸、硫酸、盐酸、磷酸、甲酸、氯乙酰氯、冰醋酸、氯磺酸、溴素等。碱性腐蚀性化学试剂如氢氧化钠、硫化钠、乙醇钠、二乙醇胺、二环己胺、水合肼等。

注意事项：

（1）腐蚀性化学试剂的品种比较复杂，应根据其不同性质分别存放；

（2）易燃、易挥发物品，如甲酸、溴乙酰等应放在阴凉通风处；

（3）受冻易结冰物品（如冰醋酸），低温易聚合变质的物品（如甲醛）则应存放在冬暖夏凉处；

（4）有机腐蚀品应存放在远离火种、热源及氧化剂、易燃品、遇湿易燃物品的地方；

（5）遇水易分解的腐蚀品，如五氧化二磷、三氯化铝等应存放在较干燥的地方；

（6）白粉、次氯酸钠溶液等应避免阳光照射；

（7）碱性腐蚀品应与酸性试剂分开存放；

（8）氧化性酸应远离易燃物品；

（9）实验室应备诸如苏打水、稀硼酸水、清水一类的救护物品和药水；

（10）做实验时应穿戴防护用品，避免洒落、碰翻、倾倒腐蚀性化学试剂；

（11）实验时，人体一旦误触腐蚀性化学试剂，接触腐蚀性化学试剂的部位应立即用清水冲洗 5 ~ 10min，视情况决定是否就医。

第五节　实验室的信息安全

实验室的各类信息形成后就产生传输、保存、访问等后续环节，尤其是网络化的今天，内部网和 Internet 都是以数据信息的传输和使用为其主要任务的。因而，各类信息的安全问题便自然地成为网络系统的中心任务之一。信息安全问题小至一个网站能否生存，大到事关国家安全社会稳定等重大问题。随着全球信息化步伐的加快，信息安全问题越来越重要。

信息安全具有五大特征：完整性，信息在传输、交换、存储和处理过程保持其原来特征而不被修改、破坏或丢失；保密性，强调有用信息只被授权对象使用，杜绝有用信息泄露给非授权个人或实体；可用性，在系统正常运行时能正确存取所需的信息，在系统遭受攻击或破坏时，能自动迅速恢复并确保使用；不可否认性，所有参与者都能被确认其真实身份，以及参与者所提供信息的真实统一；可控性，系统中的任何信息都能在一定存放空间和传输范围内可控，包括信息的加密和解密。

信息安全问题与计算机技术、网络技术、通信技术和密码技术等诸多现代技术相关联，涉及应用数学、数论、信息论等多个学科。其主要功能是保护网络系统的硬件、软件及其系统中的相关数据，使它们不会因偶然或者恶意的原因而被破坏、更改或泄露，并保证系统能连续可靠地运行。

一、实验室信息安全的现状

LIMS 是基于网络技术形成的计算机信息管理系统，与 Internet 的联系紧密，而 Internet 是全球最大的信息超级市场，已成为人们不可缺少的工具。也正由于 Internet 的全开放性，已经使其成为全球信息战的战略目标，资源共享和信息安全这一对矛盾始终存在着，全方位的窃密和反窃密、破坏与反破坏斗争已经上升为国家级的行为。各种计算机病毒横行，网上黑客的攻击越来越激烈。根据安天实验室信息安全威胁综合报告，2010 年上半年在该实验室共捕获了 4 447 713 个病毒样本，比 2009 年同期增长 167.2%，是 2008 年同期的 3.36 倍。在截获的病毒中，木马、蠕虫、后门及其他类恶意代码增长量较大，分别增长了 49.6%、61.6%、74.8% 和 323%。

与普通的病毒攻击相比，黑客和网络恐怖组织则是更大的危害，尤其是网络恐怖组织，它带有明显的组织性、目的性和纪律性，更具破坏性，也更难防范。仔细研究各类网络被攻击的案例，其原因主要有：

（1）现有网络系统内部存在着各类安全隐患，使其相应地脆弱而易被攻击；

（2）在管理思想上缺乏应有的重视，而没有采取应有的安全策略和安全措施；

（3）盲目信赖市售的杀毒软件，在网络安全上投入太少，缺乏先进的网络安全技术、工具、手段和产品，从而使信息系统缺乏安全性；

（4）缺乏先进的系统恢复、备份技术和相应工具，一旦受到攻击后难以甚至不能恢复系统的功能。

因而，为了加强信息安全保护，有必要针对外来的攻击手段制定相应有效的防范措施。

二、安全防卫模式

鉴于网络安全的现状，在实验室信息管理系统中仅仅采用普通的防卫手段而不另外采取安全措施，已远远不能应付目前五花八门的外部攻击，是绝对不可取的。

因而，需要借用目前 Internet 上广泛采取的防卫安全模式进行采取有效防护，以确保实验室信息系统的安全。其主要形式通常有以下几类。

（一）模糊安全防卫

模糊安全防卫措施要求每个站点要进行必要的登记注册，一旦有人使用服务时，服务商便能知道它从何而来，以便事后追根溯源。这种站点防卫信息容易被发现，入侵者可能顺着登记时留下的站点软、硬件及所用操作系统的信息，发现其安全漏洞而攻击之。而且站点与其他站点连接或向其他计算机发送信息时，也很容易被入侵者获取相关信息而泄密。

该安全措施主要被一些小型网站所采用。他们的管理者以为自己的网站规模小、知名度低，黑客不屑对其实行攻击。事实上，大多数入侵者虽不是特意而来，也不会长期驻留在该站点，但为了显示其攻击能力或掩盖其侵入你网站的痕迹，势必破坏所攻入网站的有关内容，有意无意地给侵入网站带来重大损失。因此，这种模糊安全防卫方式不可取。

（二）主机安全防卫

由于操作系统或者数据库的编辑实践过程中将不可避免地出现某些漏洞，从而使信息系统遭受严重的威胁。"主机安全防卫"的本质就是每个用户对自己机器的操作系统和数据库等进行漏洞加固和保护，加强安全防卫，尽量避免可能影响用户主机安全的所有已知问题，提高系统的抗攻击能力，可能是目前最常用的防卫方式。

由于外部环境的复杂和多样性，如操作系统版本不同、机器内部配置不同或服务和子系统的不同，将给网站带来各种问题，即使这些问题都很好地解决，主机防卫措施仍有可能受到销售商软件缺陷的影响。当然，主机安全防卫措施对任何一个有强烈安全要求的基地或小规模网站还是很合适的，只是随着机器数量和有权使用机器的用户数的增加，这种安全防卫将逐步陷入举步维艰的困境。

（三）网络安全防卫

网络安全防卫方式将注意力集中在控制不同主机的网络通道和所提供的服务上，包括构建防火墙以保护内部系统和网络，并运用各种可靠的认证手段，如一次性密码等，对敏感数据在网络上传输时，采用密码保护的方式进行。因而，该防卫方式明显比上两种方法更有效，已经成为目前 Internet 中各网站所采取的安全防卫方式。

三、安全防卫的技术手段

对各网站站点的信息安全，在技术上主要是计算机安全和信息传输安全两个环节，同时，不能忽视外部侵入对系统内各种信息安全的威胁。因而，在技术层面上，安全防卫手段将围绕三方面展开并实现。

（一）计算机安全技术

（1）合适的操作系统。由于操作系统是计算机单机和站内网络中的工作平台，因而，应选用软件丰富、工具齐全、缩放性强的系统，并有较高访问控制和系统设计等安全功能。在有多版本可选时，建议应选用户群最少的版本，这样可减少入侵者攻击的可能性。

（2）较强的容错能力。当因种种原因而使系统中出现数据、文件损坏或丢失时，系统应能够自动将这些损坏或丢失的文件和数据恢复到发生事故以前的状态，以保证系统能够连续正常运行的技术即为容错技术。实验室信息管理系统关键设备的服务器应该结合各种容错技术以保证终端用户所存取的各类信息不出现丢失事故。

容错技术一般利用冗余硬件交叉检测操作结果，包括动态重组、错误校正互连等，或通过错误校正码及奇偶校验等保护数据和地址总线。也可以在线增减系统域或更换系统组件而不干扰系统应用的进行；也有采取双机备份同步校验方式以保证网站内部在一个系统因意外而崩溃时，计算机能自动进行切换而确保运转正常，并保证各项数据信息的完整性和一致性。随着计算机处理器的不断升级，容错技术已经越来越多地转移为软件控制，未来容错技术将完全在软件环境下完成。

（二）网络信息安全技术

"信息安全"的内涵从形成起就一直在不断地延伸中，从最初的信息保密性开始，逐步发展到信息的完整、可用、可控和不可否认性，进而拓展为"防（防范）、测（检测）、控（控制）、评（评估）、管（管理）"等多个方面，同步发展的是其基础理论和实施技术。目前，信息网络常用的基础性安全技术包括以下几方面的内容。

1. 网络访问控制技术

对系统内部各类信息的访问是需要一定权限的，网络管理员可借助网络访问保护平台控制系统信息的安全。一般情况下，可以通过防火墙技术来实现。在网络中，"防火墙"是指一种将内部网和公众访问网（如 Internet）分开的隔离技术。其实质是一种访问控制尺度。允许你"同意"的人和数据进入你的网络，同时又将你"不同意"

的人和数据拒之门外，以达到最大限度阻止网络黑客访问你的网络。换言之，"一切未被允许的就是禁止的，一切未被禁止的就是允许的"。如果不通过防火墙，网站内外无法进行任何信息交流。防火墙有下列几种类型。

（1）包过滤技术。安装在路由器上，以 IP 包信息为基础，对 IP 源地址和 IP 目标地址以及封装协议（TCP/UDP/ICMP/IP tunnel）和端口号等进行筛选，在 OSI 协议的网络层进行。

（2）代理服务技术。由服务端程序和客户端程序构成，而客户端程序通过中间节点与要访问的外部服务器连接。与包过滤技术的不同之处在于内部网和外部网之间不存在直接连接。

（3）复合型技术。结合包过滤技术和代理服务技术的长处而形成的新防火墙技术，由所用主机负责提供代理服务。

（4）安全审计技术。记录网络上发生的所有访问过程并形成日志，通过对日志的统计分析，追溯分析安全攻击轨迹，实现对异常现象的追踪监视，确保管理的安全。

（5）路由器加密技术。对通过路由器的信息流进行加密和压缩，然后经网络传输至目的端后再进行解压缩和解密，以实现对远程传输信息的保护。

2. 信息确认技术

安全系统的建立其实是依赖于系统用户间所存在的各种信任关系。在目前的信息安全解决方案中，多采用第三方信任或直接信任这两种确认方式，以避免信息被非法地窃取或伪造。经过可靠的信息确认技术后，具有合法身份的用户可以对所接收信息的真伪进行校验，并且能清晰地知道信息发送方的身份。同时，信息发送者也必须是合法用户，也使任何人都不能冒名顶替来伪造信息。任何一方如果出现异常，均可由认证系统进行追踪处理。目前，信息确认技术已经比较成熟，如用户认证（用来确定用户或者设备身份的合法性，典型的手段有用户名口令、身份识别、PKI 证书和生物认证等）、信息认证和数字签名等，为信息安全提供了可靠保障。

3. 密钥安全技术

网络安全中，加密技术是十分重要的内容，也是信息安全保障链中最关键和最基本的技术手段。常用的加密手段有软件加密和硬件加密，其基本方法则有对称密钥加密和非对称密钥加密，两种方法各有其所长。

（1）对称密钥加密。在此方法中加密和解密使用同样的密钥，目前广泛采用的密钥加密标准是 DES 算法，分为初始置换、密钥生成、乘积变换、逆初始置换等几个环节。方法的优势在于加密解密速度快、易实现、安全性好，但其缺点是密钥长度短、密码空间小，容易被"穷举"法攻破。

（2）非对称密钥加密。在此方法中加密和解密使用不同密钥，将公开密钥用于机密性信息的加密，而将秘密密钥用于对加密信息的解密，目前通常采用 RSA 算法进行处理。该方法的优点是易实现密钥管理，也便于数字签名的实施；其不足则是算法较为复杂，加密解密耗时较长。

对于信息量较大且网络结构较为复杂的系统，采取对称密钥加密技术较为合适。为防范密钥受到各种形式的黑客攻击，如利用许多台计算机采用"穷举"计算方式进行破译）密钥的长度越长越好。目前，密钥长度有 64 位和 1024 位，它们已经比较安全了，也能满足目前计算机的速度要求。而 2048 位或更高位的密钥长度，也已开始应用于某些特殊要求的软件。

（三）病毒防范技术

根据《中华人民共和国计算机信息系统安全保护条例》，病毒被明确定义为"编制者在计算机程序中插入的破坏计算机功能或者破坏数据，影响计算机使用并且能够自我复制的一组计算机指令或者程序代码"。从 Internet 上下载软件和使用盗版软件是病毒的主要来源。按病毒的算法可以将目前的各类病毒分为以下几种类型。

1. 伴随型病毒

这一类病毒并不改变文件本身，它们根据算法产生 EXE 文件的伴随体（文件名相同和扩展名不同，如 XCOPY.EXE 的伴随体是 XCOPYCOM），然后病毒把自身写入 COM 文件并不改变 EXE 文件。当 DOS 加载文件时，伴随体优先被执行到，再由伴随体加载执行原来的 EXE 文件，从而影响被感染计算机。

2. "蠕虫"型病毒

该类病毒通过网络传播，在传播过程中病毒一般不改变文件和资料信息，除了占用内存而不占用其他资源。它利用网络从一台机器的内存传播到其他机器的内存，计算网络地址，将自身的病毒通过网络发送。

3. 寄生型病毒

除伴随型和"蠕虫"型外，其他病毒均可称为寄生型病毒。它们依附于系统引导扇区或文件中，通过系统的功能进行传播。该类病毒按算法不同可分为两种：诡秘型病毒（一般不直接修改系统中的扇区数据，而是通过设备技术和文件缓冲区等内部修改，不易看到资源，使用比较高级的技术，利用系统空闲的数据区进行工作；幽灵病毒，又称变形病毒，它使用一个复杂的算法，使自己每传播一份都具有不同的内容和长度。

　　针对病毒的严重性，任何网络系统都必须提高防范意识，所有软件都必须经过严格审查并确认能被控制后方能使用；安装并不断更新防病毒软件，定时检测系统中所有工具软件和应用软件以防止各种病毒的入侵。

第七章 实验室安全管理体系构建

高校实验室作为人才培养和科学研究的重要阵地，做好实验室安全管理工作是保障实验室正常运行的前提。学习并借鉴国外先进的实验室安全管理理念和方法，结合高校实际，建立全方位、立体化的实验室安全防护体系尤为必要，这一体系包括决策层、管理层、执行层、督导层的实验室安全管理的组织体系，建立职责分明、具有可操作性强的制度体系，建立人防、物防、技防、协防措施完备的管理保障体系，以及提高师生安全意识的教育体系和培育良好实验室安全文化体系等，对于高校实验室管理具有一定的借鉴作用。

第一节　构架实验室安全核心价值体系

实验室是高校开展人才培养、科学研究和社会服务活动的重要场所，是培养学生社会责任感、创新精神和实践能力的前沿阵地，是提高学生科学素养和综合素质的重要基地。随着高校办学实力和办学水平的提高，与高校实验室条件装备快速发展不协调的是实验室的安全事故层出不穷，成为实验室健康发展的不和谐音，从而引起高校和社会越来越多的关注。实验室的安全是开展教学、科研、社会服务等工作的基础性工作。作为高校科研的重要场所，实验室一旦出现安全事故，社会关注度高，传播扩散速度快，且容易向社会波及，不仅影响高校的正常教学秩序，而且会影响社会稳定。如何持续完善科学有序的实验室安全工作体系，更好地保障实验室正常运行，保障师生的安全健康，已经成为摆在高校实验室管理工作者面前的一道重要课题。

一、安全应成为实验室建设的核心价值

实验室安全是实验室建设和运行的前提和基础，实验室的一切工作均应围绕安

全展开，安全应成为实验室的核心价值所在。实验室建设首先应考虑安全因素，做好安全的顶层设计，实验室的安全要内化于心，外化于行。实验室管理相关人员要树立安全理念，将安全思想装在脑子里、体现在工作中、落实在细微处。

二、安全设计应从珍视生命和财产安全考量

历史和现实中发生了不胜枚举的实验室安全事故案例，每次安全事故均会有大小不一的财产损失，有些甚至危及人的生命，给国家、单位和家庭带来无可弥补的损失。一次次的惨痛教训带给人们很多启示，保证实验室的安全，必须从小事做起，从点滴做起，从现在做起，对安全进行系统设计。加强高校实验室安全环保管理工作迫在眉睫。

第二节　构建实验室安全管理组织体系

生物安全管理体系是为了实施实验室生物安全管理所需要的组织结构、程序、过程和资源。实验室除满足质量和能力要求外，还应符合安全要求。每个实验室都必须有完整的安全策略，即安全或操作手册。

完整的生物安全管理体系至少应做到：①防止所操作的病原微生物通过实验室暴露感染实验室工作人员；②防止传染性微生物感染至他人，造成社会危害；③防止病原微生物或受污染的物体离开实验室造成环境污染；④防止生物恐怖的攻击或利用。

一、组织体系建立的必要性

高校实验室种类繁多，规模较大，承载着繁重的研究任务，出入实验室的人员参差不齐，这就决定了实验室管理工作的复杂性。要确保实验室的安全有序运行，必须建立一套科学的组织体系。

二、组织体系构架与职责

结合高校实际，学校应构建"横向到边、纵向到底、无缝链接"的"学校、学院、实验室"三级安全管理组织架构，在管理的每个阶段、每个环节逐级签订安全管理

责任书，做到"谁主管谁负责，谁管理谁负责，谁使用谁负责"。普遍来看，实验室安全管理的组织体系分为决策层、管理层、执行层、督导层。

（一）决策层

决策层一般为学校成立的安全管理委员会或者安全管理领导小组，由主要分管领导任主任或组长，其职责为贯彻落实国家和省市相关法律法规及方针政策，组织实施学校实验室技术安全规划和工作；审议经费投入、事故处理等实验室技术安全重大事项；议定实验室安全管理的重大问题及事项，对实验室安全事故进行裁决；协调、指导有关部门落实相关工作等。

（二）管理层

管理层为学校实验室安全管理的职能部处，如保卫处、实验室管理处及各二级单位的管理机构，主要负责建立实验室安全管理责任体系和应急预案；制定安全检查项目规范或指标体系，提出责任追究建议并报领导小组决定；分析评估各项隐患并提出整改方案，开展安全事故技术鉴定等工作；推进实验室技术安全防范公共设施的硬件建设，完善实验室技术安全工作信息化建设等。

（三）执行层

执行层为各级各类实验室，负责人一般为实验室或实验中心主任及各项目组负责人。其职责为具体落实实验室安全管理的具体事项，负责落实实验室技术安全规章制度，组织开展学校安全检查及专项检查工作，完善实验室安全管理软硬件条件建设，及时排除安全隐患，发现实验室安全管理各种问题并向管理机构进行汇报等。

（四）督导层

督导层为学校或学院聘用的安全督查队伍，一般由两支队伍组成，一支为由实验室工作岗位上退休的老教师组成，采取现场督导或者网上视频监控的方法，及时发现实验室运行的不规范行为及安全隐患，及时向相关管理部门报告；另一支为由学生组成的检查队伍，这支队伍主要是进行例行安全及卫生状况检查，做好记录，及时向实验室报告检查情况，由实验室决定是否进行整改。

三、生物安全组织管理体系

（一）实验室具备从事相关活动的资格

实验室应有明确的法律地位和从事相关活动的资格。实验室所在的机构应设立生物安全委员会，负责咨询、指导、评估、监督实验室的生物安全相关事宜。实验室负责人应至少是所在机构生物安全委员会有职权的成员。

（二）实验室负责人的职责

实验室负责人是实验室安全的第一责任人，对所有实验室工作人员和实验室来访者的安全负责，主要责任应包括以下方面。

（1）实验室负责人应负责安全管理体系的设计、实施、维持和改进。

（2）为实验室所有人员提供履行其职责所需的适当权力和资源权。

（3）建立机制以避免管理层和实验室工作人员受任何不利于其工作质量的压力或影响（如财务、人事或其他方面），或卷入任何可能降低其公正性、判断力和能力的活动。

（4）规定实验室工作人员的职责、权力和相互关系。

（5）应对所有实验室工作人员、来访者、合同方、社区和环境的安全负责。应主动告知所有实验室工作人员、来访者、合同方可能面临的风险。应尊重员工的个人权利和隐私。

（6）应保证实验室设施、设备、个体防护设备、材料等符合国家有关的安全要求，并定期检查、维护、更新，确保不降低其设计性能。

（7）为实验室工作人员提供符合要求的适用防护用品、实验物品和器材。

（8）保证实验室工作人员不疲劳工作和不从事风险不可控制的或国家禁止的工作。

（9）为实验室工作人员提供持续培训及继续教育的机会，保证实验室工作人员可以胜任所分配的工作。

（10）为实验室工作人员提供必要的免疫计划、定期的健康检查和医疗保障。

（11）指定一名安全负责人，赋予其监督所有活动的职责和权力，包括制订、维持、监督实验室安全计划的责任，阻止不安全行为或活动的权力，直接向决定实验室政策和资源的负责人报告的权力。

（三）生物安全负责人的职责

（1）负责制订并向实验室负责人提交活动计划、风险评估报告、安全及应急措施、实验室工作人员培训及健康监督计划。

（2）负责实验室生物安全保障以及技术方面的咨询工作。

（3）定期对实验室生物安全进行检查。

（4）负责实验室应急预案的演练与实施等。

（5）负责实验室工作人员的培训、考核及其日常工作的监督。

（6）纠正违反生物安全操作规程的行为。

（7）对实验室发生的生物安全事故或存在的生物安全隐患应及时向实验室负责人和生物安全委员会汇报，协助事故的调查及处理等。

（四）实验室工作人员责任

（1）应充分认识和理解所从事工作的风险，自觉遵守实验室的管理规定和要求。

（2）在身体状态许可的情况下，应接受实验室的免疫计划和其他健康管理规定。

（3）应按规定正确使用设施、设备和个体防护装备。

（4）应主动报告可能不适于从事特定任务的个人状态。

（5）不应因人事、经济等任何压力而违反管理规定。

（6）有责任和义务避免因个人原因造成生物安全事件或事故。

（7）如果怀疑个人受到感染，应及时分析查找原因，并立即报告。

第三节　监理实验室安全管理制度体系

一、实验室安全管理制度

在现代安全管理理念中，事故致因理论明确将人的不安全行为、处于不安全状态的物、带有安全隐患的环境和管理体制的缺陷作为引发安全问题的 4 个最基本原因。不管是人的行为还是物的状态的监督，以及管理的漏洞等，均与实验室安全管理制度有密切联系。建立实验室安全管理制度体系实属必要。一套完善的管理制度应包括：①明确安全工作谁来管；②解决安全管理如何管；③出现问题如何办；④安全责任谁来担。

（一）明确安全工作谁来管

从高校实际情况来看，实验室安全管理中的最大问题是对实验室安全管理的职责不甚明确，要么多头管理，要么分割管理，要么无人管理。科学的管理制度要理清实验室安全管理的主体机构和主责部门，划清各自的责任和主要任务，实现既分工明确又要通力合作，实现协同管理。高校实验室安全管理部门一般为保卫处、实验室设备处（或国资处）、后勤处等部门，应有制度明确界定各自责任、任务、范围等，确保实验室安全有序运行。另外，二级单位也要建立相应的安全管理责任体系，层层落实安全管理责任。

（二）解决安全管理如何管

实验室安全管理涉及的范畴比较广，有化学品、生物、辐射、电气、机械、排污、仪器设备、安全教育等方面。学校要根据自身学科、专业情况，因地制宜制定各种规章制度，既要有宏观管理制度，又要有微观操作制度；既要体现完整性又要有实操性；既要科学又要具体。每项制度都要明确适用对象、具体流程等。

（三）出现问题如何办

危及实验室安全的最大问题是放射性污染、电离辐射、化学品损伤、火灾、中毒等，学校应制定重大事件应急预案。实验室应结合实际情况，根据安全评价结果，分别制订相应的应急预案，形成体系，相互衔接，并按照统一领导、分级负责、条块结合、属地为主的原则，同公司和相关部门应急预案相衔接，落实应急措施进行应急预案演练、评审，发生事故和紧急启动和实施应急预案。应急预案的内容包括目的与适用范围、单位基本情况、危险源与风险分析、组织机构及职责、应急流程、应急操作程序、应急预案培训与演练要求等内容。

（四）安全责任谁来担

既然任何一件安全责任事故都可能是由人的不安全行为、物的不安全状态和管理缺陷造成的，为避免同样的事故再次发生，应引入实验室技术安全责任追究制度，做到事出有因、追责有果。逐渐建立实验室安全责任体系，明确教学科研二级单位和实验用房的安全责任人及其工作职责，确保实验人员严格遵守有关管理规定。对违反实验室安全有关管理规定的单位及个人，依据相关规定追究其相应责任。

二、生物实验室安全管理体系文件

（一）生物安全管理体系文件编写要求

实验室要按照《实验室生物安全通用要求》标准，结合实验室人力资源和工作范围，建立、实施与保持适用于实验室的生物安全管理体系，确保实验室全体工作人员知悉、理解、贯彻执行生物安全管理体系文件，以保证实验室的生物安全工作符合规定要求。体系文件的编写一般都采用四层"金字塔"建构：第一层《生物安全管理手册》，主要叙述生物安全原则、方针、意图和指令等；第二层是《程序文件》，是将生物安全管理指令、意图转化为行动的途径和相关联的行动；第三层是《安全手册、标准操作规程》（SOP），是用来指导相关活动的实验操作技术细节性文件；第四层是《记录》，用于生物安全管理体系运行信息传递及其运行情况的证实，它具有可追溯性，可为安全责任的追查提供证据。

（二）生物安全管理体系文件编写原则

生物安全管理体系文件编写的原则为：结合本单位实验室的实际情况，以安全为主，尽可能涵盖生物安全的一切要素，编写的文件要相互对应、统一协调、便于管理和使用。

（三）生物安全管理体系文件

1. 生物安全管理手册

生物安全管理手册是实验室从事实验活动应遵循的文件，是实验室生物安全管理体系建立和运行的纲领。生物安全管理手册的核心是生物安全方针、目标、原则、组织机构及各组成要素的描述。

生物安全管理手册的编写通常应包括以下部分：封面、批准页、修订页、目录；实验室遵守国家以及地方相关法规和标准的承诺；实验室遵守良好职业规范、安全管理体系的承诺；实验室安全管理的宗旨；前言、适用范围、定义；手册的管理，生物安全方针、目标、原则；组织机构、生物安全管理体系要素描述、记录及支持性文件等。可参照 GB/T17025 或 ISO15189 标准中质量手册的有关生物安全要求的内容组织编写。

生物安全管理手册中对组织结构、人员岗位及职责、安全及安保要求、安全管理体系、体系文件架构等进行规定和描述。安全要求不能低于国家和地方的相关规定及标准的要求。应明确规定管理人员的权限和责任，包括保证其所管人员遵守安全管理体系要求的责任。

2. 生物安全管理程序文件

程序文件是生物安全管理手册的执行文件，程序文件需与生物安全管理手册相互对应，生物安全管理程序文件是对生物安全活动进行全面策划和管理，是对各项生物安全管理活动的方法所做的规定，不涉及纯技术性细节。程序文件一般包括文件标题、目的、适用范围、职责、工作流程、记录表格目录和支持性文件等。

生物安全管理程序文件至少应包括下列内容：①实验室生物安全管理程序；②实验室生物安全工作程序；③传染性样本的采集和运送程序；④职业暴露的管理程序；⑤意外事件、伤害和事故处理程序；⑥实验室消毒灭菌程序；⑦可疑高致病性病原微生物处理程序；⑧高压灭菌器事故应急处理程序；⑨生物危险物质溢洒处理程序；⑩实验室废弃物处理程序。

3. 安全手册、标准操作规程

其原则应是：针对性及实用性强；要针对不同的实验对象和检测或研究任务的不同而分别编写；便于实验室工作人员查阅。

（1）安全手册。应以安全管理体系文件为依据，制定实验室安全手册（快速阅读文件）；应要求所有员工阅读安全手册并在工作区随时可供使用。安全手册应包括（但不限于）以下内容：紧急电话、联系人；实验室平面图、紧急出口、撤离路线；实验室标识系统；生物安全；化学品安全；辐射；机械安全；电气安全；低温、高热；消防；个体防护；危险废物的处理和处置；事件、事故处理的规定和程序；从工作区撤离的规定和程序。

安全手册应简明、易懂、易读，实验室负责人应至少每年对安全手册进行评审和更新。

（2）标准操作规程。应包括（但不限于）以下内容：说明及操作规程应详细说明使用者的权限及资格要求、潜在危险告知、设施设备的功能、活动目的和具体操作步骤、防护和安全操作方法、应急措施、文件制定的依据等。不同病原体的实验操作最好分开，单独成册；仪器设备标准操作规程；个人防护装备标准操作规程，可单独成册，也可分散到其他 SOP 或程序文件中。在编写实验室工作程序和操作规程中的安全要求应以国家主管部门和世界卫生组织、世界动物卫生组织、国际标准化组织等机构或行业权威机构发布的指南、标准等为依据；任何新技术在使用前应经过充分验证，使用时应得到国家相关主管部门的批准。

4，记录

记录是实验室活动过程和生物安全管理体系运行情况的证明，生物安全管理记录可采用表格形式，表格形式的记录清晰明了、方便简单且易于改进，便于查阅和理解。

三、生物安全管理规章制度

生物安全管理规章制度是保证实验室安全管理的重要步骤。每个实验室工作人员必须自觉地遵守各项安全管理制度，才能保证安全管理工作的落实，保证实验室工作人员、环境及样本的安全。

（一）建立安全管理制度的基本原则

生物安全管理制度必须根据相关的法律法规、标准，并结合本实验室情况进行制定。同时还应考虑其科学性、合理性和可操作性，以达到控制源头、切断途径、避免危害的目的。

（二）规章制度

规章制度应包括（但不限于）以下内容：①实验室安全管理制度；②生物安全

防护制度；③内务清洁制度；④实验室消毒灭菌制度；⑤安全培训制度；⑥微生物实验室菌（毒）种管理制度；⑦传染病病原体报告制度；⑧防火、防电、防意外事故管理制度；⑨尖锐器具安全使用制度；⑩实验室废弃物处理制度。

四、生物安全管理规范

实验室生物安全管理内容涉及很多方面，不仅要有管理组织体系、系统的体系文件、规章制度等，还必须对某些工作和行为建立严谨的规范化管理。

实验室或者实验室的设立单位应当每年定期对工作人员进行培训，保证其掌握实验室技术规范、操作规范、生物安全防护知识和实际操作技能，并进行考核。工作人员经考核合格的，方可上岗。《病原微生物实验室生物安全管理条例》还规定，对实验室相关人员，包括实验室操作人员、保洁人员等也要进行岗前培训和考核，持证上岗。同时要进行周期性生物安全知识的继续教育，并记入个人技术档案。

五、记录管理

记录，就是将所取得的结果或所完成的活动以记录方式形成的文件，它具有可追溯性，可为实验室生物安全管理提供证据，是实验室活动的表达方式之一。记录还可以为纠正措施、预防措施的验证提供证据。实验室采取纠正措施、预防措施的过程与效果，都可以通过相对的记录予以验证。

（一）记录的编写原则

因记录是活动发生及其效果（结果）的客观证据，又是一种历史性资料，也是实验室活动过程和生物安全管理体系运行情况的证明，故要注意记录不要缺项，做到实验室的每一项活动都有相应的记录。

（二）记录的要求

记录的标识应体现唯一性，便于识别；格式应包括记录的方式和形式；应有目录或索引；明确查取的方式和权限。生物安全管理记录可采用表格形式。内容包括记录的前后情况，还应有修改者的标识、记录保存方式、责任人、记录的保留与销毁时间、记录的维护以及安全措施，以便查阅和理解。原始记录应真实并可以提供足够的信息，保证可追溯性。对原始记录的任何更改均不应影响识别被修改的内容，修改人应签字和注明日期。

（三）记录的类型

记录包括（但不限于）以下类型：

（1）职业性疾病、伤害、不利事件记录。

（2）危险废弃物处理和处置记录。

（3）事件、伤害、事故和职业性疾病的报告（含处理、预防及治疗措施）。

（4）工作人员培训、考核记录，工作人员健康监护记录，人员、物品出入记录。

（5）实验活动记录，试剂、耗材购置、配制、使用记录。

（6）监控（含人员监督）记录。

（7）空调系统运行记录，重要仪器设备使用、维护记录和工作状况记录。

（8）安全检查记录，安全计划的审核和检查记录。

（9）职业暴露记录（含处理、预防及治疗措施）。

（10）实验室消毒记录以及其他记录（如管理体系文件发放、回收记录、人员档案等）。

第四节　监理实验室安全管理文化和教育体系

一、建设实验室安全管理文化体系

实验室安全文化的定位是引领、规范、科学，是被师生广泛认同的共同文化观念、价值观念、生活观念，是一个学校科研素质、个性、学术精神的集中反映。实验室安全文化的核心是实验室安全成为全校师生的自主需求，从被动式管理转变成主动式管理，最终达成安全共识，形成统一的价值观和行为准则。

（一）安全文化是校园文化的有机组成部分

安全文化体现在方方面面，体现在每一个细微之处，是一个整体链条，是一个有机体系，是一个群体和群体中每一个个体共同营造出的氛围、环境和体系。

（二）实验室的安全文化体现科学规范

1. 实验室要合理布局

比如，大型精密仪器实验室要远离道路，要布局在相对低的楼层；微生物实验室布局要与装修、空气调节、给排水、气体供应、电气设计、集中控制、安防、监测、培训等内容一并考虑，合理地划分清洁区、半污染区和污染区，人与物要分别设置专用措施，避免交叉感染，防止危险性微生物的扩散、外逸，易于实验室的清洁消毒，同时避免外部因素对实验室环境的破坏；化学实验室废气量大，成分比较复杂，尤其是研究性大学，科研项目多，研究生使用人员多，因此排风问题尤为突出。化学实验室的通风柜及实验台位置、风量大小、排风设施的种类、风道的走向以及通风竖井的安排等应请有资质的专业人员设计，实验室工作人员全程参与、密切配合方能尽善尽美。

2. 实验室安防设施要完备

实验室的消防设施要包括呼吸器，ABC 灭火器和二氧化碳灭火器，消防栓，手爆按钮，喷淋、烟感、温感设施，如果有条件可以配备七氟丙烷气体灭火设备。另外，化学实验室还要配备沙箱、灭火毯等。实验室安全设施重在防患于未然，并要保持良好的状态。

3. 实验室安全防护要规范

进入实验室要穿合适的工作服或防护服，使用爆炸品、易燃品、强氧化剂、强腐蚀剂、剧毒品及放射性试剂，要佩戴防护眼镜。

（三）实验室安全文化要做到润物细无声

实验室要有安全警示标志、标语，要设立安全信息牌，包括安全负责人、涉及危险类别、防护措施和有效的应急联系电话等。安全标识是最直观、最快捷、最有效的提示方法和手段之一。此外，要在一些细微之处体现实验室安全文化。比如，化学试剂是实验室较常见的物品，对试剂的存放要非常规范。化学试剂都要存放在试剂瓶里，塞紧瓶盖子，放置牢固橱柜上，且放置应排列整齐有序，并方便取用。所有化学试剂应粘贴标签，标明试剂溶液的名称、浓度和配制时间。标签大小应与试剂瓶大小相适应，字迹应清晰，字体书写端正，并粘于瓶子中间部位略偏上的位置，使其整齐美观，标签上可涂以熔融石蜡保护。保存化学试剂要特别注意安全，放置试剂的地方应阴凉。保存化学试剂要特别注意安全，放置试剂的地方应阴凉、干燥，通风良好。因试剂的种类多种多样，一般试剂按无机物和有机物两大类进行分类存放，特殊试剂及危险试剂另存。危险性化学试剂的存放更要规范，如易燃易爆性化学试剂必须存放于专用的危险性试剂仓库里，按规定实行"五双"制度；氧化性试剂则不得与其性质抵触的试剂共同储存。

二、建立实验室安全管理教育体系

安全事故的发生源于对安全知识的匮乏，忽视安全教育示范是根本原因，因此，建立面向全员的安全教育体系对于减少安全事故意义重大。认真落实教育部、北京市对高校安全管理规划中的要求，深入开展实验室安全教育工作，切实提高师生的安全意识，实现实验室安全教育"进课堂、进教材、落实学分"。

（一）建立安全培训制度

将培训列入年度工作计划，对受众人员要分门别类进行培训，保证培训的效果。

（二）安全教育要主次分明

学校重点落实对实验室主任、项目组责任教师的培训。对于大部分的本科生及研究生应由实验室主任、项目组责任教师逐级进行培训。

（三）安全教育要突出重点

安全知识太多太细，不一定所有人员都要求掌握，培训要对于不同人员重点有别。对于操作特种设备及大型精密仪器设备的人员，要建立培训上岗制度。

（四）安全培训要体现多样化

可以采取设立安全教育必修课、选修课方式，也可以编制实验室安全手册，发放到进入实验室的每一位师生，由师生自学后将学习承诺书交由实验室检查备案，确保安全教育做到全覆盖。

（五）建设实验室安全考试系统

推行"实验室安全准入"制度，规定新教师入职、新生入学后必须参加实验室安全培训，并通过考试，不符合要求者，新教师无资格申请教师资格证，本科生不得进入选课环节，研究生不得进入开题环节。考试的目的是促使师生提高安全意识，在实际工作中，还要以其他安全教育方式提高师生的安全素养。

第五节　健全实验室安全管理保障体系

组织、制度、文化体系的建设，对实验室安全而言，属于"软建设"，管理中注重"三抓一管"的落实，即做好抓制度、抓要害、抓日常、会保障工作。另外，更要注重从硬件建设和信息技术手段上做好保障工作。

一、建立实验室安全人防体系

人的因素对于实验室安全来讲是最重要的，安全的防护工作离不开人的安全行为。

（1）安全工作要落实到具体的工作中，需要人的智力因素去解决安全管理中的制度、流程、规范操作等。

（2）组成覆盖上下的安全监管体系，通过人的安全行为和安全意识保障实验室安全。

二、建立实验室安全物防体系

实验室的安全"防护"方面，主要有三类。

（1）基础建设类。如实验室防火墙、防火门、防盗门一定要符合安全标准；如实验室水网、电网、气网的实用性、安全性铺设，通风系统的安全排放及实验室家具的合理摆设。另外，对校内有关重点部门必须采取加强、加固等物防措施，要加大对现有的实验室在防火、防水、防电、防辐射、防感染等安全设施的投入力度，根据实验室的安全等级和危险程度，对设备的安全保障设施和物品进行改造、更新、替换、升级，预防和减少安全问题的发生。

（2）信息手段类。保证负有安全监管任务的人员配备所必需的信息手段，如照相机、摄像机、对讲机等基本设备和计算机、传真机、车辆、通信工具等办公设备；有存放安全资料、档案的文件柜；在重点部位和内部复杂场所安装使用先进的防盗报警、防火报警系统，有效预防灾害事故的发生。

（3）安全防护类。一方面，实验室要配备气瓶柜、冰箱、空气净化设备、防护服、防护手套等；另一方面，实验室内必须存放一定数量的消防器材，消防器材必须放置在便于取用的明显位置，指定专人管理，消防器材按要求定期检查更换。

三、建立实验室安全技防体系

（一）建立实验室门禁管理系统

目前，大多数高校都实现了校园一卡通管理，将门禁与校园一卡通实现联动管理，可以有效实现授权管理模式下的集约化管理，对某些特殊实验室也能实现安全管理，防止外人进入。从安防的专业要求出发，门禁系统在停电后处于打开状态，以便于人员逃生和疏散。

（二）建立实验室监控管理系统

安全事故发生后，对于事故发生的原因追溯是个很复杂的过程，尤其发生爆炸、火灾等致人死亡的安全事故后，究竟现场发生了什么情况，往往不得而知，所以建立全覆盖的监控系统尤为重要。

（1）针对实验室外部及内部建立可视监控系统，实行全天候值守制度，随时调阅监控记录。

（2）各个实验室可以建立自我管理的监控系统，随时掌握实验室运行状态及运行中出现的各种安全问题及不安全状态，起到及时纠正的作用。

第六节　建立实验室安全质量管理体系

实验室质量管理是实验室为相关领域提供真实、可靠、准确的检测数据和结果的重要保障。它包括实验室质量管理体系、质量控制与评价和实验方法的选择与评价等内容。建立完善的质量管理体系并保持其有效运行，是实验室质量管理的核心。质量控制与评价是检测或校准全过程质量管理的重要环节，关系到检验结果是否准确可靠。而实验方法的选择与评价是检验过程质量保证的重要内容，也是检验结果准确可靠的前提。

一、实验室质量管理体系

建立实验室就是为相关领域提供准确的检测数据或校准结果，而实验室质量管理体系的构建正是为了更好地完成实验室工作。实验室应建立、实施和保持与其活动范围相适应的管理体系。实验室应将其政策、制度、计划、程序和指导书形成文件。文件化的程度应保证实验室检测／校准结果的质量。体系文件应传达至有关人员，并被其理解、获取和执行。对影响实验室检测或校准结果的各类因素进行有效、全面控制，使实验室持续发展有效运行。质量管理应以组织为质量中心，全员参与，目的在于通过让顾客满意和组织所有成员及社会受益而达到长期成功的管理途径，全面质量管理是质量管理的最高境界。

（一）实验室质量管理体系的概念

1. 质量

质量（quality）是一组固有特性满足要求的程度，而要求是指明示的、通常隐含的或必须履行的需求或期望。

2. 质量控制

质量控制（quality control，QC）是为满足质量要求所采取的作业技术和活动。质量控制是所有质量理论的基础，优点是对分析过程的质量有了较明确的执行方法和判定标准，并且用客观的统计学方法进行评价。质量控制包括以下活动：①通过室内质控评价检测系统是否稳定；②对新的检测方法进行比对实验；③室间质量评价，通过使用未知样本将本实验室的结果与同组其他实验室结果和参考实验室结果进行比对；④仪器维护、校准和功能检查；⑤技术文件、标准的应用。

3. 质量保证

质量保证（quality assurance，QA）是质量管理的一部分，致力于提供质量要求会得到满足的信任。质量保证要求实验室评价整个实验的效率和实效性，实验室可以通过实验时间、检测结果差错率、室间质评等明确质量指标监测实验全过程。

4. 质量体系

质量体系（quality system，QS）是将必要的质量活动结合在一起，以符合实验室认可的要求。研究体系就是研究要素之间的关联性和相互作用，质量体系就是为达到质量目的对各要素的全面协调的工作。对实验室来说，检测报告或校准证书是其最终产品，而影响报告或证书质量的要素很多，如操作人员、仪器设备、样品处置、检测方法、环境条件、量值溯源等，这些要素构成了一个体系。为了保证报告或证书的质量，实验室需要以整体优化的要求处理好检测或校准，实现检测和处理过程中各项要素间的协调与配合。

5. 质量管理

实验室质量管理（quality management，QM）主要是指实验室内关于质量方面的控制、指挥以及组织协调等工作，包括质量体系、质量保证和质量控制，也包括经济方面"质量成本"。质量管理的目的是确保实验室检测或校准结果达到质量所需的程度；履行为顾客提供检测或校准服务质量的承诺；实现实验室的质量方针和质量目标。质量管理的意义在于能帮助实验室提高顾客满意度；能提供持续改进的框架，以增强顾客和其他相关方的满意度；对实验室能够提供持续满足顾客要求的产品，提高顾客的信任度。

6. 全面质量管理

全面质量管理（total quality management，TQM）是以质量为中心，通过让顾客满意达到长期成功的管理途径。全面质量管理是在充分满足顾客要求的前提下进行检测和提供服务，并能把维持质量和提高质量的活动合为一体的有效体系。

7. 体系

体系（system）是指"相互关联或相互作用的一组要素"（ISO 9001），体系由要素组成，要素是体系的基本成分，是体系形成和存在的基础，没有要素就没有体系。

8. 实验室质量管理体系

实验室质量管理体系（quality management system，QMS）是为实施质量管理所需要的组织结构、程序、过程和资源。通常主要包括制定组织的质量方针、质量目标、质量策划、质量控制以及质量保证和质量改进（quality improvement）等活动。实验室质量管理体系应整合所有必需过程，以符合质量方针和目标要求并满足用户的需求。

（二）实验室质量管理体系的组成

1. 组织结构

组织结构是指一个组织为行使其职能，按某种方式建立的职责权限及其相互关系。实验室或其所在组织应是一个能够承担法律责任的实体，并有明确的组织分工。组织结构的本质是实验室职工的分工协作及其关系，目的是实现质量方针、目标。在实验室质量手册或项目的质量计划中要提供实验室组织结构，明确实验室所有对质量有影响的人员的职责和权限。

2. 过程

一组将输入转化为输出的相互关联或相互作用的资源和活动即为过程，其输入和输出是相对的。实验室通常对过程进行策划并使其在受控状态下运行以达到增值的目的。检测过程的输入是被测样品，在一个检测过程中，通常由检测人员根据选定的方法、校准的仪器，经过源的标准进行分析，检测过程的输出为测量结果。

3. 程序

程序是为进行某项活动或过程所规定的途径。程序是用书面文字规定过程及相关资源和方法，以确保过程的规范性。含有程序的文件称为程序文件，虽然不要求所有程序都必须形成文件，但质量管理体系程序通常都要形成文件。程序分为管理性和技术性两种。一般程序性文件都是指管理性的，是实验室工作人员工作的行为规范和准则。技术性程序一般以作业文件（或称操作规程）规定。

4.资源

资源是满足产品和质量管理体系要求的重要组成部分,包括人员、设施、工作环境、信息、资金、技术等。

组织结构、过程、程序和资源是实验室质量管理体系的四个基本要素,彼此既相对独立,又相互依存。组织结构是实验室人员在职、责、权方面的结构体系,明确了管理层次和管理幅度;程序是组织结构的继续和细化,也是职权的进一步补充,比如:实验室各级人员职责的规定,可使组织结构更加规范化,起到巩固和稳定组织结构的作用。程序和过程是密切相关的,有了质量保证的各种程序性文件,有了规范的实验操作手册,才能保证检验过程的质量。实验室质量管理是通过对过程的管理来实现的,过程管理又取决于所投入的资源与活动,而活动的质量则是通过实施该项活动所采用的方法(或途径)予以保证,控制活动的有效途径和方法制定在书面或文件的程序之中。

(三)实验室质量管理体系的要求

实验室应按有关标准或准则的要求建立质量管理体系,形成文件,加以实施和保持,并持续改进其有效性,使其达到确保检测和(或)校准结果质量可靠的目的。这是所有检测和(或)校准实验室管理体系的共同目的。在P(plan)、D(do)、C(check)、A(action)循环的过程方法工作原则下,实验室质量管理体系应符合以下总体要求。

(1)确定质量方针和质量目标,并遵循有关标准或准则的要求,识别质量管理体系所需的过程,同时应充分考虑实验室自身的实际情况。

(2)确定达到质量目标的各过程的顺序和相互作用。实验室应确定每个过程中开展的活动及其需投入的资源、过程的输入和输出、过程的顺序和相互作用,识别关键的、特殊的过程和需特别控制的活动。同时应将识别出来的过程、过程顺序和相互作用在质量管理手册里表述清楚。

(3)确保过程有效运行和控制所需的准则和方法。为了实施、保持并持续改进质量管理体系的有效性和效率,实验室应运用系统的管理方法,按照标准/准则的要求管理相关过程,即实现对过程管理的规划(P)。

(4)确保可以获得必要的资源和信息,以支持过程的运行和对这些过程的监视,即是策划的实施过程(D)。同时,对过程运作进行测量、分析和检查(C)。

(5)实施必要的措施,以实现对这些过程策划的结果和对这些过程的持续改进(A)。

(6)接受顾客对过程的监督,保持产品(检测报告等)的可溯源性。

（7）确保对所选择的分包过程实施控制。

（四）建立实验室质量管理体系的意义

建立完善的质量管理体系并保持其有效运行，是实验室质量管理的核心。实验室应重视检测和（或）校准工作，将检测和（或）校准工作的全过程以及涉及的其他方面（如影响检测数据的诸多因素）作为一个有机整体加以有效控制，满足社会对检验数据的质量要求。

（1）质量管理体系是实验室管理的重要组成部分，是实施质量管理的必备条件。实验室建立管理体系是为了实施质量的全过程管理，并使其实现和达到质量方针和质量目标，方便能以最好、最实际的方式来指导实验室工作人员、设备及信息的协调活动。

（2）有利于提高实验室管理水平和工作质量，有利于实验室保证检测和（或）校准报告的质量。质量管理体系能够对所有影响实验室质量的活动进行有效和连续的控制，注重并且能够采取有效的预防措施，减少或避免问题的发生。一旦发现问题，能够及时做出反应并加以纠正。

（3）拥有健全和有效运行的质量管理体系是实验室具有较好的检测和（或）校准管理能力的重要体现。实验室质量管理体系围绕实现质量方针和质量目标，从领导重视到全员参与、从内部监督到外部审查、从预防程序到纠正措施等实施文件化、全方位质量监控。能最大限度地发挥高校实验室功能，提高学生实验能力和科研人员研发能力。

（五）实验室质量管理体系的建立

1.实验室质量管理体系建立的理论基础

质量管理八项原则是质量管理的基础理论，同时也可帮助实验室建立质量管理体系，改进过程，完善质量管理体系，提高实验室技术能力和效率，使高校实验室在管理体制上实现企业化的动作与改革。

（1）以顾客为关注焦点。顾客（customer）是指接受产品的组织或个人。实验室应了解顾客当前和将来的需求，满足顾客要求并努力超越顾客的期望。以顾客为关注焦点是质量管理的核心思想。任何实验室都依存于顾客，如果失去了顾客，实验室就失去了存在和发展的基础。顾客是一个大概念，主要是被测样品的供方和需方。对高校实验室来说，顾客可以是研究的项目检收方，也可以是参与实验教学的学生、科研人员、教师等。顾客可以是外部的，也可以是内部的。实验室应认识到检测市场是变化的，顾客也是动态的，顾客的需求和期望也是不断变化的。实验室必须时刻关注顾客的动向、潜在需求和期望，以及对现有检测或校准服务的满意程度，及时调整自己的策略并采取必要的措施，根据顾客的要求和期望做出改进，以取得顾客的信任。

（2）校领导作为管理者通过其领导活动，可以创造每个教职工充分参与的环境，质量管理体系能够在这种环境中有效运行。实验室最高管理者在质量管理体系中的作用：制定并保持实验室的质量方针和质量目标；在整个实验室内促进质量方针和质量目标的实现，以增强教职工的意识、积极性和参与程度；确保整个实验室关注使用人员的需求；确保实施适宜的过程以满足与其相关的要求并实现质量目标；确保建立、实施和保持一个有效的质量管理体系以实现这些质量目标；确保获得必要的资源；定期评价质量管理体系；决定有关质量方针和质量目标的活动；决定质量管理体系的改进活动等。

校领导实施领导作用一般应采取以下措施。

①满足所有相关方的需求和期望是领导者首先要考虑的问题，能否满足实验室使用人员当前和未来期望是实验室管理的成功所在。

②领导者应做好发展规划，明确远景，为整个实验室及有关部门设定奋斗目标。

③创建一种共同的价值观，树立职业道德榜样，使教职工活动方向统一到实验室的方针目标上。

④使全体教职工工作在一个比较宽松、和谐的环境之中，激励教职工主动理解和自觉实现实验室管理目标。

⑤为员工提供所需的资源、培训并赋予在职权范围内的自主权。

（3）全员参与。全体教职工是每个实验室的基础。实验室的质量管理不仅需要最高管理者的正确领导，还有赖于全员的参与，各级人员是实验室之本，只有他们充分参与，才能使他们的才干为实验室带来最大收益。过程的有效性取决于所有参与人员的意识、能力和主动精神。

全员参与的原则首先要求教职工要了解他们在实验室中的作用及工作的重要性，给予机会提高他们的知识、能力和经验，使他们对实验室的成功负有使命感。他们应熟悉本职岗位的目标，知道该如何去完成工作，使其能全身心地投入。要实现全员参与，应采取以下措施。

①明确教职工承担的责任和规定的目标，使他们认识到自己工作的相关性和重要性，树立工作的责任心。

②让教职工积极参与管理决策和过程控制，在规定的职责范围内，教职工有一定的自主权。

③鼓励教职工主动、积极、创造性地参与和改进工作，鼓励教职工积极地为实现目标寻找机会，提高自己的技能，丰富自己的知识和经验。在实验室内部提倡自由地分享知识和经验，使先进的知识和经验成为共同的财富。

④尊重教职工的努力工作和奉献，正确评价教职工的业绩，从精神和物质上给予激励。动员全体教职工参与积极，实现承诺，为实现实验室质量方针和目标做出贡献。

（4）过程方法将活动和相关的资源作为过程进行管理，会更有效地实现预期的结果。如前所述，任何利用资源并通过管理将输入转化为输出的相互关联、相互作用的一组活动，都可视为过程。系统地识别和管理实验室所有的过程，特别是这些过程之间的相互作用，称为过程方法。

以过程为基本单元是质量管理考虑问题的一种基本思路。过程方法的优点就是对系统中单个过程之间的联系以及过程的组合和相互作用进行优化。质量管理体系是通过一系列过程来实现的。质量策划就是要通过识别过程，确定输入和输出，确定将输入转化为输出所需的各项活动、职责和义务、所需的资源、活动间的接口等，以实现过程的增值，获得预期的结果。过程方法鼓励实验室要对其所有过程有一个清晰的理解，明确这些过程间的联系和影响，从而能更有效地利用资源，降低成本，缩短周期，提高有效性和效率。在应用过程方法时，必须对每个过程，特别是关键过程的要素进行识别和管理，如图 7-1 所示。

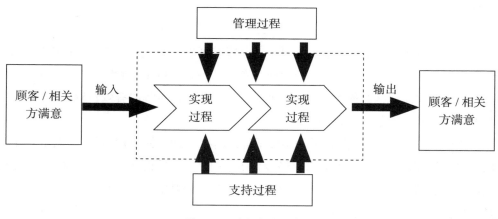

图 7-1　过程方法示意图

实施过程方法一般采取以下措施：

①识别质量管理体系所需的过程，包括管理职责、资源配置、检测或校准的实现和分析改进有关的过程，确定过程的顺序和相互作用。

②确定每个过程为取得预期结果所必需的关键活动，并明确管理好关键过程的职责和权限。

③确定对过程的运行，实施有效控制的原则和方法，并实施对过程的监控以及对监控结果的数据分析，发现问题，采取改进措施的途径，包括提供必要的资源、实现持续的改进等，以提高过程的有效性。

④评价过程结果，对监控结果通过分析，发现问题并采取改进措施，实现持续改进，提高过程的有效性。

以一个疾病预防控制中心实验室《质量检测报告书》的形成为例，包括样品受理（合同评审、样品的信息的输入和编号、样品分发和留样入库）、样品检测（人员、设备、试剂、质量监督）、检测报告的形成、发放及归档等若干过程，涉及现场科室、业务科、质管科、检验科、授权签字部门、档案科等多个部门。每个过程或科室的输入或输出都可能会影响相关过程或科室的工作。

（5）管理的系统方法将相互关联的过程作为系统加以识别、理解和管理，有助于实验室提高实现目标的有效性和效率。所谓"系统"即体系，系统的特点之一就是通过各分系统（要素）的协同作用，互相促进，使总体的作用大于各分系统作用之和。系统方法包括系统分析、系统工程和系统管理三大环节。它从系统地分析有关数据、资料或客观事实开始，确定要达到的目标，然后通过系统工程，设计或策划为达到目标而应采取的各项措施、步骤以及应配置的资源，形成一个完整的方案，最后在实施过程中通过系统管理而取得有效性和高效率。

在质量管理体系中采用系统方法，就是要把质量管理体系作为一个大系统，对组成质量管理体系的各个过程加以识别、理解和管理，以达到实现质量方针和质量目标的目的。

系统方法和过程方法关系非常密切。它们都以过程为基础，都要求对各个过程之间的相互作用进行识别和管理。但系统方法着眼于整个系统和实现总目标，使得实验室所策划的过程之间相互协调和相融，是基于对过程网络实施系统分析和优化，遵循整体性原则、相关性原则、动态性原则和有序性原则，以提高系统实现目标的整体有效性和效率。过程方法着眼于具体过程，对其输入、输出，相互关联和相互作用的活动进行连续的控制，以实现每个过程的预期结果。

实施管理的系统方法应采取的措施：

①应首先建立一个以过程方法为主体的质量管理体系，确定系统的目标。明确质量管理过程的顺序和相互作用，进行系统优化决策，使这些过程相互协调。

②控制并协调质量管理体系各过程的运行，应特别关注体系内某些关键或特定

的过程，并应规定其运作的方法和程序，实施重点控制。制订全面完成任务的富有挑战性的规划，规定各个过程职责、权限和接口，并对过程进行监视和控制。

③通过对质量管理体系的分析和评审，采取措施以持续改进体系，提高实验室的业绩。同时预防不合格和降低风险。

（6）持续改进（continual improvement）整体业绩应当是组织的一个永恒目标。持续改进是增强满足要求的能力的循环活动。为了改进实验室整体业绩，应不断改进其质量，提高质量管理体系及过程的有效性和效率，以满足顾客或相关方日益增长和不断变化的需求和期望。持续改进是永无止境的，因此，持续改进应成为每一个实验室永恒的目标。

实验室应将持续改进纳入自身的质量方针和目标，实施持续改进原则的主要措施：

①有两条积极途径，即渐进式持续改进和突破性项目。

②渐进式持续改进即由实验室内在岗人员对现有过程进行步幅较小的持续改进活动，包括：分析和评价现状，以识别改进区域；确定改进目标；寻找可能的解决办法，以实现这些目标；评价这些解决办法并做出选择；实施选定的解决办法；测量、验证、分析和评价实施的结果，以确定这些目标已经实现；正式采纳更改等。所有这些活动是对 PDCA 工作原理的具体应用。

③突破性项目通常由日常运作之外的专门小组来实施，实验室应配备足够的资源，有计划地指派一些有资格的人员，对现有标准方法实施改进，自己研制新的检测或校准方法，以超越顾客的需求和期望。

不论哪条改进途径，实验室都应为员工提供持续改进的各种工具，鼓励使用统计技术和先进控制方法，承认改进结果，对改进有功人员进行表扬和奖励。

（7）基于事实的决策方法有效决策建立在对数据和信息分析的基础之上，决策是实验室各级领导的职责。所谓决策就是针对预定目标，在一定的约束条件下，从诸多方案中选出最佳的一个付诸实施。基于事实的决策方法就是指实验室的各级领导在做出决策时要有事实根据，这是减少决策不当和避免决策失误的重要原则。数据是事实的表现形式，信息是有用的数据，实验室要确定所需的信息及其来源、传输途径和用途，确保数据是真实的。分析是有效决策的基础，应对数据和信息进行认真的整理和分析。实验室领导应及时得到适用的信息，这些都是做好为"基于事实的决策方法"服务的基础性工作。

实施基于事实的决策方法，首先要求实验室质量方针和战略应建立在数据和信息分析基础之上，制定现实而富有挑战性的目标，采取的主要措施有：

①通过测量积累，或有意识地收集与目标有关的各种数据和信息，并明确规定收集信息的种类、渠道和职责。

②通过鉴别，确保数据和信息的准确和可靠。

③采取各种有效方法，对数据和信息进行有效分析，包括采用适当的统计技术。

④应确保数据和信息能为使用者得到和利用。

⑤根据对事实的分析、过去的经验和直觉的判断做出相应决策，采取改进措施。

（8）与供方的互利关系。组织和供方（supplier）的互利关系可提高双方创造价值的能力。从实验室来说，虽然与企业不同，但实验室的活动也不是孤立的。实验室的供方可以理解为相关方，如供应商、服务方、承包方等。实验室在与他们建立关系时，应考虑到短期和长远利益的平衡，建立良好的合作交流关系，与他们共同优化成本，共享必要的信息和资源，确定联合的改进活动。这种"双赢"的思想，可使成本和资源进一步优化，能对变化的市场做出更灵活和快速一致的反应。

2. 实验室质量管理体系的建立

实验室建立质量管理体系的目的是实施质量管理，并使其实现质量方针和质量目标，以便以最好、最实际的方式来指导实验室的工作人员、设备及信息的协调活动，从而提高实验室使用效率和降低成本。实验室质量管理体系的功能主要有：①能够对所有影响实验室质量的活动进行有效的和连续的控制；②能够注重并且能够采取预防措施，减少或避免问题的发生；③一旦发现问题能够及时做出反应并加以纠正。实验室只有充分发挥质量管理体系的功能，才能不断完善健全和有效运行质量管理体系，才能更好地实施质量管理，达到质量目标的要求，可以说体系就是实施质量管理的核心。

不同的标准或准则对实验室所建立的体系有不同的要求。例如，《实验室资质认定评审准则》（国认实函〔2006〕141号）《检测和校准实验室能力的通用要求》（GB/T27025-2008/ISO/IEC17025：2005）《医学实验室质量和能力认可准则》（CNAB-CL02，ISO15189：2012）以及相关法律法规等。这些标准或准则为实验室建立质量管理体系提供了参照依据。实验室应根据本身的类型和工作性质等的不同，依据不同的标准或准则构建符合自身实际的质量管理体系。

建立质量管理体系的要点：

①注重质量策划：策划是一个组织对今后工作的构思和安排。一个好的实验室策划应是先了解实验室所要达到的目的，再根据目的设定重要的过程，配置相应的资源，确定职责，明确分工，制订详细的计划，并落实对计划实施情况的检查，待进行周密准备之后再实施。质量管理体系的各项活动能成功完成离不开好的策划。

②注重整体优化：质量管理体系是相互关联或相互作用的一组要素组成的一个系统，对系统研究的核心就是整体优化。实验室在建立、运行和改进质量管理体系的各个阶段都要注意树立系统优化的思想。

③强调预防为主：预防为主，就是恰当地使用来自各方面的信息，分析潜在的影响质量的因素，在工作过程中避免这种因素。强化预防措施，可以有效地降低工作失误带来的风险和损失。

④以满足顾客的需求为中心：在标准中的许多条款都规定了"服务"的要求。所建立的质量管理体系是否有效，就是体现在能否满足顾客和相关方的要求。

⑤强调过程：将活动和相关资源作为过程进行管理，可以高效地得到期望的结果。质量管理体系是通过一系列过程实现的，控制每一过程的质量是达到质量目标的基石。

⑥重视质量和效益的统一：质量是实验室生存的保证，效益是实验室生存的基础。

⑦强调持续的质量改进：持续改进是科学进步的必然，是实验室生存和发展的内在要求。

⑧强调全员参与：全体员工是实验室工作的基础。质量管理既需要正确决策的管理者，也需要全员参与。

质量体系建立与运行的基本框架（见图7-2）：一个质量体系的建立和有效运行，通常经过八个环节，而报告或证书是运行的结果，是实验室的产品，即各环节的共同目的是保证高质量的报告或证书。

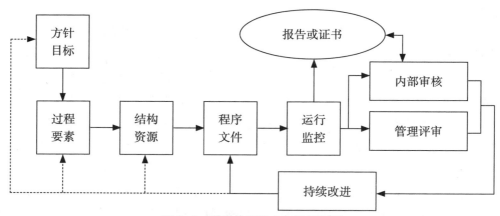

图7-2　质量体系建立与运行框图

建立、实施、保持和改进质量管理体系，首先要确定顾客和其他相关方的需求和期望。对一个实验室而言，识别和确定顾客（市场）需求，实质是树立一个正确的营销观念。实验室出具的报告或证书能否长期满足顾客和市场的需求，在很大程度上取决于营销质量。营销是一种以顾客和市场为中心的经营思想，其特征：实验室所关心的不仅是出具报告或证书是否满足顾客的当前需求，还要着眼于通过对顾客和市场的调查分析和预测，不断引入现代技术，提高产品质量，满足顾客和市场的未来需求。

建立和实施质量管理体系的方法总体上包括以下步骤：①确定顾客和其他相关方的需求和期望；②建立组织的质量方针和质量目标；③确定实现质量目标必需的过程和职责；④确定和提供实现质量目标必需的资源和程序；⑤规定测量每个过程的有效性和效率的方法；⑥质量控制和质量监督；⑦确定防止不合格并消除产生原因的措施；⑧持续改进质量管理体系。

上述方法也适用于保持和改进现有的质量管理体系。

（1）质量方针和质量目标的制定。质量方针是由实验室最高领导者正式发布的质量宗旨和质量方向。质量目标是质量方针的重要组成部分，同时，质量方针又是实验室各部门和全体人员检验工作中遵循的准则。所以，实验室的领导要结合本实验室的工作内容、性质和要求，主持制定符合自身实际情况的质量方针、质量目标，以便指导质量管理体系的设计、建设工作。一个好的质量方针必须有好的质量目标的支持。

①质量方针：质量方针是指引实验室开展质量管理的"纲"，是建立质量体系的出发点。实验室质量方针对内明确质量宗旨和方向，激励员工对提高质量的责任感；对外表示实验室高层管理者的决心和承诺，使顾客能了解可以得到什么样的服务。由于实验室业务领域不同、规模各异，其质量方针也会各有不同，但都应能反映通过提供满足顾客要求的检测或校准结果，而达到使顾客满意的目的。方针的表述应力求简明扼要。

②质量目标：质量目标应在方针给定的框架内制定并展开，也是实验室在职能和层次上所追求并加以实现的主要任务。目标是实验室实现满足客户要求、增强顾客满意度的具体落实，也是评价质量体系有效性的重要判定指标。目标既要先进又要可行，便于检查。

对质量目标的主要要求包括：

适应性：质量方针是制定质量目标的框架，质量目标必须能全面反映质量方针要求和组织特点。

可测量：方针可以原则性强一些，但目标必须具体。所谓"可测量"，不仅指对事物大小或质量参数的测定，也包括可感知的评价。所有制定的质量目标都应该是可以衡量的。

分层次：最高管理者应确保在实验室的相关职能和层次上建立质量目标。质量方针和质量目标实质上是一个目标体系，实验室质量方针应有质量目标支持，质量目标应有每个部门的具体目标或举措支持。

可实现：质量目标是在质量方面所追求的目的。对于现在已经做到或轻而易举就能做到的不能称为目标；另外，根本做不到的也不能称为目标。一个科学而合理的质量目标，应该是在某个时间段内经过努力能达到的要求。

全方位：即在目标的设定上全方位地体现质量方针，应包括组织上的、技术上的、资源方面的以及为满足检验或校准报告要求所需的内容。

③制定质量方针和质量目标应注意的问题。

明确质量方针和质量目标的关系：质量方针为建立和评审质量目标提供了一个框架，指出了实验室满足客户要求的意图和策略，质量目标在此框架内确立、展开和细化。即方针指出了实验室的质量方向，而目标是对这一方向的落实、展开。目标应与方针保持一致，不能脱节或偏离。方针和目标也是质量管理体系有效性的评价依据。目标应适当展开，除总目标外，有关部门和岗位还应根据总目标确定各自的分目标。

必须考虑实验室的具体情况：每个实验室的具体情况不同，质量方针和目标也不同，质量方针和目标的制定必须实事求是。例如：实验室的具体服务对象和任务，人力资源、物质资源及资源供应方情况，各个实验室成员能否理解和坚决执行，检测结果要达到何种要求等。

要与上级组织保持一致：实验室的质量方针和目标应是上级组织有关质量方针和目标的细化和补充，绝不能偏离。

（2）确定过程和要素。实验室的最终目标是提供合格的检测或校准报告，这是由各个检验过程来完成的。因此，对各质量管理体系要素必须作为一个整体去考虑，了解和掌握各要素达到的目的，按照认可标准的要求，结合自身的检验工作及实施要素的能力进行分析比较。确定检测或校准报告形成过程中的质量环节，加以控制。质量管理是通过过程管理来实现的。方针、目标确定之后，就要根据实验室自身的特点，确定实现质量目标必需的过程和职责，系统识别并确定为实现质量目标所需的过程，包括一个过程应包含哪些子过程和子活动。在此基础上，明确每一过程对输入和输出的要求。用网络图、流程图或文字，科学而合理地描述这些过程或子过程的逻辑顺序、接口和相互关系。明确这些过程的责任部门和责任人，并规定其职责，明确本实验室的检测或校准流程（质量环），识别报告或证书质量形成的全过程，尤其是关键过程，这是质量体系设计构思及运行的基本依据。

根据过程的不同，一个过程可以包含多个纵向（直接）过程，还可能涉及多个横向（间接、支持）过程，当逐个或同时完成这些过程后，才能完成一个全过程。以检测或校准的实现过程为例，其纵向过程包括检测前过程（合同评审、抽样及样品处置）、检测过程（程序和方法、量值溯源、结果质量保证等）、检测后过程（结果报告、结果的更改和纠正等多个子过程）；而横向过程包括管理过程（组织结构、文件控制、宣传、审核、管理评审等）和支持过程（资源配置、分包、外购、培训等）。

以过程为基础的质量管理体系模式包括四大过程：管理职责、资源管理、产品实现、测量分析和改进。它们彼此相连，最后通过体系的持续改进而进入更高阶段（见图 7-3）。

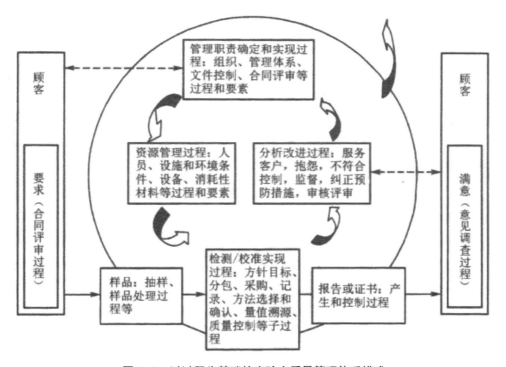

图 7-3 以过程为基础的实验室质量管理体系模式

图中实线箭头表示增值活动，虚线表示信息流。圆圈内的四个箭头分别代表了四大过程的内在联系，形成闭环，并表明质量管理体系的运行是不断循环、螺旋式上升的。从水平方向看，对实验室的要求形成产品实现过程的输入，通过产品实现过程的策划（plan）、实施生产（do），输出最终的产品。产品交付给检验人员后，检验人员将对其满意程度的意见反馈给组织的"测量、分析（check）和改进（action）"过程，作为体系持续改进的一个依据，形成 PDCA 循环。在新的阶段，"管理职责"

过程把新的决策反馈给顾客，后者可能据此而形成新的要求。利用这个模式图，组织可以明确主要过程，进一步展开、细化，并对过程进行连续控制，从而改进体系的有效性。

确定要素和控制程序时要注意：是否符合有关质量体系的国际标准；是否适合本实验室检测或校准的特点；是否适合本实验室实施要素的能力；是否符合相关法规的规定。

（3）组织结构及资源配置。

①组织结构：如前所述，体系的性质取决于要素的结构。所谓结构，是指各要素在质量体系范围内的相互联系、相互作用的方式。它表示为系统内的组织机构、质量职责和权限。因此，在建立质量体系时，要合理设计本实验室的组织机构，落实岗位责任制，明确技术、管理、支持服务工作与质量体系的关系。如能画出质量体系要素职能分配表，则更加醒目。这样，就能将检测或校准实现过程各阶段的质量功能落实到相关领导、部门和人员身上，做到各项与质量有关的工作都能事事有人管、项项有部门负责。

②资源配置：资源是实验室建立质量体系的必要条件，实验室应根据自身检测／校准的特点和规模，确定和提供实现质量目标必需的资源。

人力资源：人力资源是资源提供中首先要考虑的。实验室管理层应确保所有操作专门设备、从事检测／校准、评价结果和授权签字人等人员的能力。教职工的能力是经证实的应用知识和技能的本领。实验室管理层应根据质量体系各工作岗位、质量活动及规定的职责要求，选择能够胜任的人员从事该项工作，即应按要求根据相应的教育、培训、经验和（或）可证明的技能进行资格确认。

基础设施：实验室应规定过程实施所必需的基础设施。基础设施包括工作场所、过程、设备（硬件和软件）以及通信、运输等支持性服务。为确保提供的报告或证书能满足标准或规范的要求，应确定为实现检测或校准所需要的基础设施、仪器设备，同时还要对它们给予维护和保养，包括建筑物、工作场所和相关设施，如固定设施、离开其固定设施的场所、临时或可移动的设施；相关设施指能源、照明、水、电、气等供应设施；检测／校准设备（软、硬件），包括抽样、样品制备、数据处理和分析所要求的所有设备；支持性服务设施，如采暖、通风、运输、通信服务等。

工作环境：管理者应关注工作环境对人员能动性和提高组织业绩的影响，营造一个适宜而良好的工作环境，既要考虑物的因素，也要考虑人的因素。

必要的工作环境是实验室实现检测或校准的支持条件。有关人的环境是指管理层应创造一个稳定、有安全感和积极向上的环境；而物的环境则包括温度、湿度、洁净度、无菌、电磁干扰、辐射、噪声、振动等。实验室必须对所需工作环境加以确定，并对报告或证书质量有影响的环境实施监控管理。

信息：信息是实验室的重要资源。信息可用来分析问题、传授知识、实现沟通、统一认识、促进实验室持续发展。信息对于实现以事实为基础的决策以及组织的质量方针和质量目标都是必不可少的资源。

此外，资源还包括财务资源、自然资源和供方及合作者提供的资源等。

（4）质量管理体系的文件化实验室需要建立文件化的质量体系，而不只是编制质量体系文件。建立质量管理体系文件的作用是沟通意图、统一行动，有利于质量体系的实施、保持和改进。文件的形成有助于符合顾客要求和质量改进、提供适宜的培训，有助于实验的可重复性和数据可追溯性，有助于提供客观证据、评价质量管理体系的持续适宜性和有效性。编写质量管理体系文件不是目的，而是手段，是质量管理体系的一种资源。因此，实验室质量管理体系文件的方式和程度必须结合实验室的类型、范围、规模，检测或校准的难易程度和员工的素质等方面综合考虑，不能找个模式照抄硬搬，也不能照抄认可准则的条款。

文件是对体系的描述，必须与体系的需要一致。在策划质量管理体系时，应结合实验室的实际需要，策划文件的结构（层次和数量）、形式（媒体）和表达方式（文字、图表）与详略程度。如果是一个较小的实验室，实验过程也比较简单，就可以在手册中对过程和要素做出描述，并不一定需要其他文件指导操作。对于一个大型实验室，检测或校准类型复杂、领域宽、管理层次多，则体系文件必须层次分明，还需要增加一些指导操作的文件。实验室不论是初次编写质量管理体系文件，还是为标准更新而对体系文件进行转换改版，都应以原有的各类文件为基础，以实施质量体系和符合认可准则的要求为依据，进行调整、补充和删减后，纳入质量管理体系受控范围。

质量管理体系文件一般包括四方面的层次（见图7-4），也就是体系文件的架构：质量手册，程序文件，作业指导书，记录，表格、文件、报告等。它是描述质量管理体系的完整文件，是质量管理体系的具体体现，是质量管理体系运行的法规，也是质量管理体系审核的依据。

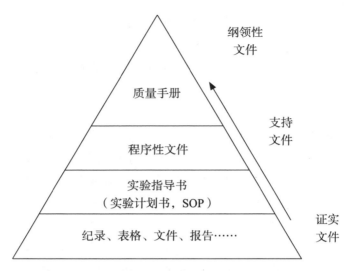

纲领性
文件

质量手册

支持
文件

程序性文件

实验指导书
（实验计划书，SOP）

证实
文件

纪录、表格、文件、报告……

图 7-4　质量体系文件架构图

质量手册是第一层次的文件，是阐明一个实验室的质量方针，并描述其质量管理体系的文件。因为认可准则是通用要求，要照顾到各行各业的需求，而各实验室有自己的业务领域和自身的特点，所以必须进行转化。手册的精髓就在于有自身的特点，它是为实验室管理层指挥和控制实验室用的。第二层次为程序性文件，是为实施质量管理和技术活动的文件，主要为相关部门使用。第三层次是实验指导书，属于技术性程序，它是指导开展检测或校准的更详细的文件，是为第一线实验操作人员使用的。第四层次是各类质量记录、表格、报告等则是质量体系有效运行的证实性文件。显然，不同层次文件的作用各不相同，要求上下层次间相互衔接、不能矛盾；上层次文件应附有下层次支持文件的目录，下层次文件应比上层次文件更具体、更可操作。

每个实验室确定其所需文件的详略程度和所使用的人员，取决于其类型和规模、过程的复杂性和相互作用、产品的复杂性、适用的法规要求、经证实的人员能力以及满足质量管理体系要求所需证实的程度等因素。实验室质量管理体系文件编制应注意其系统性、法规性、增值效用、见证性和适应性。

质量手册：质量手册包括支持性操作规程（包括技术操作规程）或提供相关的参考文献，概述质量管理体系的文件结构。质量手册是对实验室的质量管理系统概要而又纲领性的阐述，能反映出实验室质量管理体系的总貌。质量手册描述质量管理体系和在质量管理体系中使用的文件结构，在质量手册中描述技术管理层和质量管理人员的任务和责任。指导所有人员使用和应用质量手册和所有相关的参考文献，以及所有需要他们执行的要求。由实验室管理层授权的、指定对质量负责的人员保障质量手册的最新状态。

质量手册编写原则：①应符合认可准则及有关法律法规的要求。②有利于向客户、认证机构、相关方提供质量满足要求的证据。③符合实验室的实际情况。质量手册是规定实验室质量管理体系的文件，应结合自身的特点画出本实验室的模式图。要把顾客的要求转化为对报告或证书的质量特性，确定自己的特色。④内容全面，结构层次清楚，语言通俗易懂，名词术语标准规范。

对一本内外兼用的、完整的质量手册来说，应具备指令性、系统性、协调性、可行性和规范性，且有利于本身的保管、查询、更改、换版等方面的管理与控制。

质量手册的编写方法：①成立组织。一旦实验室最高管理者做出编写质量手册的决定后，一般应成立质量手册编写领导小组和质量手册编写办公室。质量手册编写领导小组由本组织的最高管理者的代表、各有关业务部门主管领导、手册编写办公室负责人参加，负责确定质量手册编写的指导思想、质量方针和目标、手册整体框架的编写进度，以及手册编写中重大事项的确定和协调等。质量手册编写办公室一般以质量管理部门为基础，吸收各有关职能部门的适当人员组成，负责手册的具体编写工作。②明确或制定质量方针。质量手册的一个基本任务就是阐述质量方针及其贯彻。所以，编写质量手册的前提就是明确（对于已有质量方针且经质量手册编写领导小组审议，认为适合明确写入手册）或制定（原来没有质量方针或虽有质量方针但经审议需重新制定）本组织的质量方针。③充分学习、深入理解有关标准或准则条文。实验室管理者、质量手册编写领导小组、质量手册编写办公室的人员要深入学习，较系统、全面地掌握有关标准或准则。④对实验室的现状深入研究，识别过程，规定控制范围。可对照有关准则条款，并总结实验室自身的质量管理经验、结合具体情况进行，同时要注意让职工积极参与。⑤用通俗易懂的语言，描述质量体系要素。编写手册，应在深刻理解有关标准的基础上，使用符合本国文化传统的语言，以有利于质量手册的贯彻实施。⑥质量手册的编写与程序文件可有重复，但手册对过程的描述应简明扼要。可参考范本编写，但不可照搬照抄。⑦质量手册的审定、批准。质量手册全部内容编写完成后，应经编写办公室人员内部校对并签字后，提交本组织质量手册编写领导小组审定，最后由本组织最高管理者批准。质量手册审定和批准时应着重考虑以下内容：质量手册对采用的国家标准和相应国际标准的符合程度；质量手册对有关政策法令的符合程度；质量手册对实现既定的质量方针、质量目标和顾客的质量要求的保证水平；质量手册的系统性、协调性、可行性及规范性。⑧质量手册的颁发。质量手册的发布通常是采取由实验室最高管理者签署发布令的方式来实施。实验室的最高管理者签署质量手册的发布令，表示手册是整个实验室的法规性文件，全体人员应该严格遵照执行。另外，也表明了实验室最高管理者对质量责任的承诺。

质量手册的内容和基本格式：一个完整的质量手册一般包括以下内容：①前置部分：包括封面、授权书、批准页、修订页、母体法人公正性声明、实验室主任公正性声明、工作人员职业道德规范、引用文件及缩略语等。②主要内容：实验室概况、质量方针和质量目标、质量手册管理、管理要求、技术要求。③附录：包括组织机构框图、人员一览表、授权签字人一览表、质量职责分配表、质量体系框图、检测项目一览表、实验室平面图、仪器设备一览表、检测工作流程图、程序文件目录、实验室行为准则。

质量手册的基本格式要求分章排序（页号），活页装订，每页有页眉和页脚。

程序文件：从活动（或过程）的内涵来看，大到检测或校准的全过程，小至一个具体的作业都可称为一项活动，而活动所规定的方法（或途径）都可称为程序。对质量体系来说，不管是管理性程序，还是技术性程序，都要求形成文件，即所谓程序文件。实验室质量管理体系应将其政策、制度、计划、程序和指导书制定成文件，并达到确保实验室检测或校准结果质量所需的程度。程序不仅仅是实施一项活动的步骤和顺序，还包括对活动产生影响的各种因素。内容包括活动（或过程）的目的、范围、由谁做、在什么时间和地点做、怎样做以及其他相关的物质条件保障等。一个程序文件对以上诸因素做出明确规定，也就是规定了活动（或过程）的方法。因此，在质量管理体系的建立和运行过程中，要通过程序文件的制定和实施，对质量体系的直接和间接质量活动进行连续恰当的控制，以此手段保证质量管理体系能持续有效地运行，最终达到实现实验室的质量方针和质量目标的目的。

程序文件是质量手册的技术性文件，是手册中原则性要求的展开和落实。因此，编写程序文件时，必须以手册为依据，要符合手册的规定与要求。程序文件应具有承上启下的功能，上承质量手册，下接作业文件，这样就能控制作业文件，并将手册纲领性的规定具体落实到作业文件中去，从而为实现对报告或证书质量的有效控制创造条件。

实验室需要编写的程序文件类型：在质量体系文件中，程序文件是重要组成部分。根据 ISO/IEC 17025 标准的要求，一般可包括下述内容：保密和保护所有权的程序；保证公正性和诚实性的程序；文件控制和维护程序；要求、标书与合同评审程序；分包管理程序；服务与供应品采购程序；申诉（报怨）处理程序；不符合项控制程序；纠正措施程序；预防措施程序；记录控制程序；内部审核程序；管理评审程序；人员培训和考核程序;安全与内务管理程序(必要时);检测或校准程序;开展新方法(新工作)的评审程序(适用时);测量不确定度评定与表示程序;检测或校准方法的确认程序;自动化检测的质量控制程序;设备维护管理程序;期间核查程序;量值溯源(包括参考标准和标准物质的使用)程序;抽样管理程序;被测物品的处置程序;结果质量的保证控制程序;现场检测或校准的质量控制程序;报告或证书管理程序。

上述所列28个程序也可根据实际情况加以删减,也可将几个程序合并,如将纠正措施和预防措施程序合二为一等。只要覆盖了标准的要求,都是可以接受的。

程序文件的编写原则:符合评审准则要求以及行业管理要求;保证实际能做到,既不要太简单也不要过于复杂,做到详略适当,在实施过程中逐步细化;注意与质量手册以及其他文件的一致性;写清职责权限;程序文件应简明、易懂。

程序文件的结构和内容如下所述。

目的:为什么要开展这项活动(或过程)。

适用范围:开展此项活动(或过程)所涉及的范围和对象。

定义:对那些不同于所引用标准的定义的简称符号需进行说明。

职责:由哪个部门或人员实施此项程序,明确其职责和权限。

工作流程(步骤和要求):列出活动(或过程)顺序和细节,明确各环节的"输入—转换—输出",即应明确活动(或过程)中资源、人员、住处和环节等方面应具备的条件,与其他活动(或过程)接口处的协调措施。明确每个环节的转换过程中各项因素由谁做、什么时间做、什么场合做、做什么、为什么做、怎样做,如何控制及所要达到的要求,所需形成的记录、报告及相应签发手续等。注明需要注意的任何例外或特殊情况,必要时辅以流程图。

引用文件和记录格式:开展此项活动(或过程)涉及的文件,引用标准或规程(规范)以及使用的表格等。

(5)作业指导书:作业指导书是用以指导某个具体过程、事物所形成的技术性细节描述的可操作规程性文件。指导书要求制定得合理、详细、明了、可操作。

编写作业指导书的必要性:作业指导书是技术性文件,并不要求必须编写。如果国际的、区域的或国家的标准,或其他公认的规范已包含了如何进行检测或校准的管理和足够信息,并且这些标准是可以被实验室操作规程人员作为公开文件使用时,则不需再进行补充或改写为内部程序。如果缺少指导书,可能影响检验或校准结果,实验室则应制定相应的作业指导书。例如,当标准规定不详细、不充分、可操作性不强时;没有标准可参照、选用或制定非标方法时。

实验室常用作业指导书的分类:①方法类:用以指导检测/校准的过程。例如,标准或规程（规范）的实施细则、化学试剂配制方法、比对试验方法等。②设备类：设备的使用、操作规范（如设备商提供的技术说明书等）、仪器设备自校方法、期间核查方法等。③样品类：包括样品的准备方法、样品处置和制备规则、消耗品验收方法等。④数据类：包括数据的有效位数、修约、异常数字的剔除以及结果测量不确定度的评定表征规范等。例如，数据处理方法、测量不确定度评定方法、修正值（曲线）、对照图表、常用参数、计算机软件等。

作业指导书一般包括依据；适用范围；技术要求；步骤和方法；数据处理方法；结果表示方法；出现意外、差异、偏离时的处理方法；相关文件和记录。

（6）记录：记录是文件的一种，它更多用于提供检测或校准是否符合要求和体系有效运行的证据。

质量记录：包括人员培训记录、承包方的质量记录、服务与供应的采购记录、纠正和预防措施记录、内部审核与管理评审记录、质量控制和质量监督记录等。

技术记录：包括环境控制记录，合作协议、使用参考标准的控制记录，设备使用维护记录，样品的抽取、接收、制备、传递、留样记录，原始观测记录，检测或校准的报告或证书、结果验证活动记录，客户反馈意见等。

凡是有程序要求的都要有记录。记录既然是检测或校准符合程序和体系有效运行的证据，实验室全体员工就应养成凡是执行过的工作必须有记录的良好习惯。

实验室所有文件和记录应受控管理。实验室文件的借阅需要登记，注明文件名称、借阅日期、借阅人、预定归还日期和归还日期等信息。实验室所有记录应按需发放、按时收回，专人保管。保存期限没有统一的要求，根据各自实验室的性质决定，在程序文件中予以界定就行，一般为便于追溯至少要保存两年以上，重要的文件记录一般都要保存五年。

（7）纠正预防措施实验室质量管理体系的主要功能之一是有效地防止不合格项的发生。"防止不合格"包括防止已发现的不合格和潜在的不合格。质量管理体系的重点是"防止"。对不合格不仅要纠正，更重要的是要针对不合格产生的原因进行分析，确定应采取的措施，这些措施通常是指纠正措施和预防措施。

（8）持续改进质量管理体系。一个完善建立的质量管理体系不仅能有效运行，还应得到持续改进，使实验室满足质量要求的能力得到加强。实验室质量管理体系应根据有关准则要求、实验需求变化、实验室自身条件的改变等而发生变化，做到持续改进。持续改进质量管理体系的目的在于增加高校实验室使用人员的科研效率和科研热情，而这种改进是一种持续和永无止境的活动。

3. 实验室质量管理体系的运行与监控

实验室质量管理体系文件编制完成后，管理体系即进入运行与监控阶段，包括培训和宣传贯彻、试运行、内部审核和管理评审、正式运行及运行有效性的识别等。实验室质量管理体系的运行实际上是执行管理体系文件、贯彻质量方针、实现质量目标、保持管理体系持续有效和不断完善的过程。一个行之有效的质量管理体系应该是实验室的服务对象、实验室自身和实验室供应方三方满意的三赢局面。

（1）运行的依据。

实验室结合本单位的实际情况，根据有关标准或准则的要求，并将有关要求转化为确保检测或校准服务质量的程序，建立了质量管理体系。所以，质量管理体系文件或程序就是质量管理体系运行的主要依据。质量管理体系文件包括实验室内部制定和来自外部的一系列文件，这些文件以不同的形式、不同的层次表达出来。质量管理体系文件既是质量体系存在的见证，又是质量体系运行的依据。

（2）实验室质量管理体系的运行。

培训和宣传贯彻：质量管理体系文件化主要是便于贯彻执行，确保检测或校准服务的质量，使客户满意，实现实验室的质量目标。培训和宣传贯彻主要包括实验室质量管理体系文件介绍和运行时应注意的问题、运行记录、表格准备以及质量手册、程序文件、作业文件要点等。

体系文件应传达至有关人员，并被其理解、贯彻和执行。为此，实验室的管理层必须组织质量管理体系文件的宣传贯彻。一般来讲，这种宣传贯彻可根据实验室的具体情况，分层次地进行。

质量手册的宣传贯彻应针对全体人员。对于手册的主要精神、构成的基本要素，尤其是质量方针和目标，每个人都应清楚，以便贯彻执行。

程序文件的宣传贯彻，可根据质量管理体系要素的职能分配，针对有关部门和人员分别进行，因为程序文件是为进行某项活动或过程所规定的途径，只要涉及的部门和人员明确即可。

试运行：尽管实验室质量管理体系建立过程中已充分吸纳了过去的实践经验，但毕竟是一个新的管理模式，能否满足实际需要、是否能达到预期的效果，必须通过实践的考核、验证，这就是所谓的质量管理体系的试运行。根据实验室认可的实际情况，实验室质量管理体系试运行的期限为半年。通过试运行，考验质量管理体系文件的有效性和协调性，并对暴露出的问题采取改进和纠正措施，以达到进一步完善质量管理体系文件的目的。在经过一系列修改后，发布第二版质量手册、程序文件进行正式运行。

实验室质量管理体系试运行时，首先应编制试运行计划，所有文件均要按文件控制程序的要求进行审批发放，并按上述要求进行培训。试运行期间，至少进行一次内部审核和管理评审，并注意保存内部审核和管理评审活动记录，以便认证检查。

内部审核和管理评审：质量管理体系审核在体系建立的初始阶段往往更加重要。在这一阶段，质量体系审核的重点，主要是验证和确认体系文件的适用性和有效性。质量管理体系试运行之后，就应进行一次集中的内部审核与管理评审，对质量管理体系的符合性、适应性和有效性做出客观的自我评价。

审核与评审的主要内容一般包括：规定的质量方针和质量目标是否可行；体系文件是否覆盖了所有主要质量活动，各文件之间的接口是否清楚；组织结构能否满足质量体系运行的需要，各部门、各岗位的质量职责是否明确；质量管理体系要素的选择是否合理；规定的质量记录是否能起到见证作用；所有员工是否养成了按体系文件操作或工作的习惯，执行情况如何。

正式运行：经过上述各阶段之后，实验室的质量管理体系便可正式运行。如欲通过实验室认可，此时便可向中国合格评定国家认可委员会（China National Accreditation Service for Conformity Assessment，CNAS）正式提交申报材料，并在三个月内接受 CNAS 的现场评审。

质量管理体系的正式运行，是实验室质量管理和技术运作的新起点，进而在实践中持续改进和完善，以满足客户的需求以及法定管理机构、认可准则和认可机构的要求，实现实验室的质量目标。

（3）运行验证和有效运行的标志。

建立健全的、适合本单位实际情况的质量管理体系是其有效运行的重要前提。

①实验室能否依靠管理体系的组织机构进行组织协调并得到领导重视。

②实验室质量管理体系的运行是否做到了全员参与。

③实验室所有的质量活动是否能严格遵守文件要求并有完整的记录。

④所有影响质量的因素（过程）是否处于受控状态。

⑤是否建立快捷、高效的反馈机制。

⑥是否适时开展实验室内部审核与管理评审以便持续改进。

（4）质量管理体系审核和评价。实验室应策划并实施所需的评估和内部审核过程，用以证实检测或校准前、检测或校准、检测或校准后以及支持性过程按照满足用户需求和要求的方式实施；确保符合质量管理体系要求；持续改进质量管理体系的有效性。评估和改进活动的结果应输入到管理评审。

①质量管理体系过程的评价：评价质量管理体系时，应对每一个被评价的过程，提出如下四个基本问题：过程是否予以识别和适当确定；职责是否予以分配；程序是否被实施和保持；在实现所要求的结果方面，过程是否有效。

综合回答上述问题可以确定评价结果。质量管理体系评价在涉及的范围内可以有所不同，并可包括很多活动，如质量管理体系审核、质量管理体系评审以及自我评定。

②质量管理体系审核：审核用于确定符合质量管理体系要求的程度，审核发现用于评价质量管理体系的有效性和识别改进的机会。

③质量管理体系评审：实验室最高管理者的一项任务是对质量管理体系关于质量方针和质量目标的适宜性、充分性、有效性和效率进行定期评价。这种评审可包括考虑修改质量方针和目标的需求，以响应相关方需求的变化；评审还包括确定采取措施的需求。

审核报告与其他信息源一起用于质量管理体系的评审。

二、实验室的质量控制与评价

实验室的质量控制与评价是检测或校准全过程质量管理的一个重要环节，关系到检验结果是否准确可靠。质量控制与评价的理论最初是由简单的总体统计量逐步演变而来，应用统计学方法对检验过程中的各个阶段进行监控与诊断，从而达到保证与改进检验质量的目的。

（一）质量控制统计方法

质量控制需要用科学的统计方法，对生产过程进行全方位、全要素、全过程的监控，预防质量缺陷的出现。在实验室中，实验工作的最终产品是实验结果，其质量保证建立在统计学基础之上，它可以有效提高实验结果的精密度和准确度，减少重复实验，避免错误报告的产生，为正确的实验工作提供保障。

1.质量控制的内容

正确选用检验方法是保证检验工作质量的前提之一，实验室应优先采用国家发布的最新有效的标准方法，也可选择国际或权威文献发布的方法或自行研制的方法等。采用非标准的方法时，方法可靠性的确认可采用标准物质或与权威方法比对或进行实验室之间比对的方法。因此，实验室质量控制可分为内部质量控制（internal quality control，IQC）和外部质量控制（external quality assessment，EQA）。实验室在检验之前，需要对样本进行正确的采集，按要求进行保存和运输。在检验过程中，往往按照一定频率定量的检测稳定样品中某种或某些成分，并将测定值标在符合一定统计学规律的控制图上，运用设定的判断限制或控制规则对控制图上的测定值（也称控制值）进行评估，以此推测同批次样本的检测质量是否在控。为了确定某实验室进行某项特定检测或校准的能力，需参加实验室间比对来进行验证，这一活动过程称为能力验证（proficiency test，PT）。质量控制的内容既包含了分析前的准备、检验过程中的质量监控，又包括实验室间的质量评价。

2. 与质量控制相关的基本概念

质量控制过程应用到的统计学原理主要包括正态分布和抽样误差，质量控制过程需要使用到的基本概念如下所述。

（1）均数（mean）是最常用的一个统计量，对样本中所有个体的值计算总和后除以个体数即可求得，常用 X 表示，它往往集中反映一个样本的特征。

（2）标准差（standard deviation，SD）反映样本中个体的离散程度，是表示变异常用的统计量，常常以 SD 表示。

（3）变异系数（coefficient of variation，CV）是表示变异的统计指标，它是标准差相对于平均数的百分比，以 CV 表示。在定量检测中，往往用变异系数来表示检测方法的不精密度。

（4）正确度（trueness）指同一实验室用同种方法在多次独立检验中分析同一样品所得结果的均值与靶值之间的差异。偏倚可以用来表示正确度。

（5）精密度（precision）指在一定条件下进行多次测定，所得结果之间的符合程度。精密度也无法直接衡量，而以不精密度表示，测定不精密度的主要来源是随机误差，以标准差（SD）和变异系数（CV）具体表示。SD 或 CV 越大，表示重复测定的离散程度越大、精密度越差，反之则越好。

（6）准确度（accuracy）指实验室用某种方法在多次独立检验中分析某样品所得各个结果值与靶值之间在一定置信区间的最大值。准确度既包括正确度又包括精密度，或者说测定结果由随机误差和系统误差及偏倚分量组成。

（7）控制品（control material）是专门用于质量控制目的的特性明确的物质，其含量已知或未知并处于与实际样本相同的基质中。

3. 正态分布

正态分布（normal distribution）也称高斯分布，理想的正态分布表现为呈对称的钟形曲线（图 7-5）。当重复多次测量同一样本时，所得到的该组结果不可能全部一样，而是呈现出"两头小、中间大"的正态分布规律。通过统计学方法，可以求得该组数据的平均数（$\overline{X}$）和标准差（s），这两个统计量与正态分布曲线下面积（数据点的分布）符合下述统计学规律：以 X 为中心，左右各一个 s 范围内的正态曲线下所包含的面积约占曲线总面积的 68%，换言之，对于符合正态分布的一组数据，约 68% 的数据点应落在 $\overline{X} \pm 1s$ 之间；以此类推，$\overline{X} \pm 2s$ 的范围内应包含约 95% 的数据点，X ±3s 的范围内应包含约 99.7% 的数据点。不同的数据集合里 X 和 s 的大小不同会导致正态分布曲线形状的改变，但前述规律却是一致的，这一规律是质量控制工作的统计基础。

4 抽样误差与失控

对同一样品在短时间内进行多次测量所得到的结果肯定不会完全一致，也不可能与平均数完全一致，这个差异就是抽样误差，即在一个大样本中进行随机抽样时，会因抽样的不同而导致一定的误差。抽样误差不是人为可以消除的，是从一个数据集中任选一点（抽样）时客观存在的。在质量控制中，当得到一个质控测定结果与平均数不一致时，我们就要判断所发生的差异除了抽样误差外，是否还有其他误差存在（如系统误差、随机误差）。如果判断是抽样误差所致，我们就判断这个结果为在控，否则就判定为失控。判断是否在控的依据就在于这个质控测定结果与平均数之间的差异究竟有多大，如图 7-5 所示，如果差异大于 ±1s，但小于 ±2s，根据正态分布规律，约有 30% 的可能性为抽样误差所致，这是统计学上的一个大概率事件，所以可将这个结果判定为在控；如果差异大于 ±2s，但小于 ±3s，根据正态分布规律，约有 5% 的可能性为抽样误差所致，5% 是一个临界概率，根据质量控制的严格程度不同，可以将其判断为在控或失控，以及介于两者之间的警告。如果一个质控测定结果与平均数的差异大于 ±3s，根据正态分布规律，仅有 0.3% 的可能性为抽样误差所致，0.3% 是统计学上的小概率事件，所以我们有较大把握判断该结果为失控，应进一步确认或查找原因。

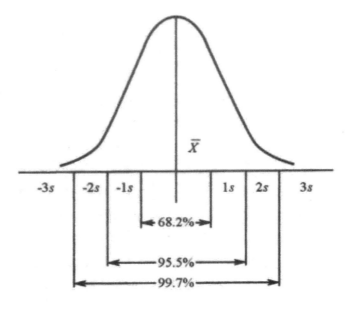

图7-5　正态分布曲线

（二）室内质量控制

室内质量控制（IQC），简称为室内质控，它是全面质量管理体系中一个重要的环节。室内质量控制要求实验人员必须经过专业的培训，经考核合格后方可上岗。与实验相关的设备必须进行定期的校准，并保留由专业部门出具的校准证明。日常实验过程中需对实验过程和结果进行实时监控，通常按照一定的频度连续测定稳定样品中的特定组分，并采用一系列方法进行分析，评价本批次检测结果的可靠程度，以此判断检验报告是否可以发出，及时发现并排除质量环节中的不满意因素。通过日常监控可以很好地控制本实验室检测工作的精密度，监测其准确度的改变，提高常规工作中批间或批内检测结果的一致性。因此，室内质控涉及控制品、质量控制图、控制规则，以及失控的判断和处理等内容。

控制品根据其用途可分为室内控制品和室间质评样品两种。室内控制品用于实验室内的质量控制，其定值可溯源至二级标准品。室间质评样品由权威的评价机构发放，定期发放质评样本至各参评实验室，各实验室在规定的日期进行检验并上报。反映控制品性能的指标有：基质效应、稳定性、瓶间差、定值和非定值、分析物水平等。

（1）基质效应。对某一分析物进行检测时，处于该分析物周围的其他成分就是该分析物的基体或基质（matrix）。为了处理和保存运输的需要，控制品中需添加化学物、生物提取物、防腐剂等其他材料。这些基质成分的存在对分析物检测时的影响称为基质效应(matrix effects)。理想的控制品最好和待检样本具有相同的基质状态，在分析的过程中，控制品和样本才会有相同的表现，不存在基质效应的差异。

（2）稳定性。由于室内质量控制是建立在对稳定控制品重复测量的基础之上，因此稳定性成了控制品最重要的性能指标之一。当然，稳定不是绝对的，是相对概念，任何控制品时刻处于变化之中。稳定性好的控制品，是指它的变化很缓慢，常规检验手段反映不出来。即使是定值控制品，厂家说明书给出的也是测定结果的预期范围，而不是一个明确的值，这其中已经考虑到控制品在储存、运输和使用过程中的缓慢变化。在控制品的说明书上，往往有关于控制品性能的一些指标，如冻干品的复溶性能、溶解后的浑浊度、被检项目测定值的预期范围等，都是产品稳定性的反映。

（3）瓶间差。在日常质控中，某批次控制品检测结果的变异是检测系统的不精密度和控制品瓶间差异的综合反应。只有将瓶间差异控制到最小，检测结果间的变异才可最大限度地反映日常检验操作的不精密度。

控制品生产商除了充分混匀质控物外，在分装时还特别注意控制加样的重复性，即注意保持各瓶容量的一致性。用户对冻干控制品复溶的操作也一定要严加控制，注意复溶操作的标准化，否则在复溶过程中，实验室会引入新的瓶间差。实验室应注意下列细节：使用经检定合格的 AA 级单刻度移液管，符合要求的溶剂，复溶时瓶内冻干物湿润和混匀的动作和时间都要按规定执行，这样才能避免在复溶过程中产生新的瓶间差。

液体的控制品，由于不需复溶，就完全避免了实验室引入新的瓶间差的风险。一般液体控制品的开瓶稳定期比冻干控制品复溶后的稳定时间要长。不管使用液体还是冻干的控制品，各实验室均应仔细检查开瓶稳定期，并在实际工作中加以验证。在此基础上，各实验室制定出控制品开瓶（或复溶）后的最长使用时限。由于液体控制品稳定性好，可减少浪费，消除操作人员在复溶过程的操作误差，不少实验室都采用液体控制品。但这类产品通常昂贵，而且含有较多的防腐剂类添加物，可能会增加某些检测项目的基质效应。

（4）定值和非定值控制品。定值的控制品标出检测项目测定结果的预期范围，标示的值通常包括一些常规分析方法的均值和标准差。好的定值控制品既标有在特定参考方法条件下各分析物的预期结果值，又标有各分析物在不同检测系统下的均值及预期范围，用户可从中选择与自己相同检测系统的标示值作为质量控制工作的参考。

其实，非定值控制品的质量和定值控制品的质量是一样的，在具体的使用过程中，不论定值控制品还是非定值控制品，用户都必须在自己的检测系统中通过累积重新确定均值和标准差，并在日常的质量控制工作中加以使用。

（5）分析物水平。同一检测项目在不同浓度（活性）时的检测价值不一样，如果只做一个水平的控制品检测，只说明在该水平控制值附近的标本检验质量符合要求，难以反映远离该点的较高或较低分析物的检验质量是否也符合要求。因此，若能同时做两个或更多水平的控制品，则可以反映较宽范围内的质量是否符合要求，这样的质量控制工作更加科学和有效。因此，在选择控制品水平时，应考虑以下内容：两个或多个水平的控制品、浓度（水平）的分布要足够宽。

（6）控制品的正确使用与保存。合格优良的控制品是质量控制工作的基础，在实际使用和保存过程中，还必须注意以下几方面问题：①严格按控制品说明书规定的步骤进行解冻和复溶；②冻干控制品的复溶要确保使用正确的溶剂，如果溶剂额外引入了待分析成分，将影响质控结果的分析和使用；③冻干控制品复溶时所加溶剂的量要准确，并注意保持加入各瓶溶剂量的一致性，避免实验室引入新的瓶间差；④冻干控制品复溶时应轻轻摇匀，溶解时间要足够，确保内容物完全溶解，切忌剧烈振摇；控制品应严格按说明书规定的方法保存，不使用超过保质期的控制品；控制品的测定条件应与标本相同。

第八章 实验室管理运行机制创新

第一节 实验室管理新模式的创新

为了提升实验室教师的工作热情及积极性，减少实验教师的劳动强度，使学生有一个较好的开放环境，因此，提出一种以教师管理为主、学生管理为辅的实验室管理新模型，即教师上班时间管理、学生其他时间管理。

（一）实验室管理责任到人

为了提高教师工作的积极性，必须建立责任到人的实验室管理制度，根据实验教师的专业方向，划定了每个实验教师分管的实验室房间，对其分管房间的每一台设备负责，借出必须登记；此外，实验教师必须对其分管房间的卫生负责，并督促指导教师按时提交实验登记表，同时还兼学生管理者的监督和学科竞赛指导工作。

（二）学生和教师互动的管理

实验教师承担理论教学、实践、竞赛任务，每个实验教师应从课堂上、实验中发现责任心强、动手能力强的学生，选出能够管理实验室的学生，一般选出两人，经过实验室主任和分管实验室的副院长审核，并进行登记。选出的学生既是实验室的管理者，又是学生科技创新活动的领头羊，每个实验室指导老师就是这个实验室房间的管理教师。教师和学生既是管理实验室的合作者，又是科研项目的搭档，形成了一种团结向上的实验室新气象。

（三）建立实验室学生管理梯队

实验室教师在确定实验室管理学生的同时，要注意培养学生的梯队建设，高年级带低年级，形成一种以老带新、互帮互学、相互赶超的氛围，为教师科研和实验室管理准备充足的人员储备，同时为科研项目将来做大做强提供必要的技术衔接。

大四学生毕业后，大三学生开始管理实验室，同时招收大一学生进入实验室，为将来的实验室管理储备人员。

（四）从日常管理到技术管理的提升

学生在管理日常事务的同时，可以参加实验教材改编，自行设计实验；拓展仪器的功能；进入指导教师的科研项目；参加学科竞赛；或根据兴趣选择自己的科研项目，进行科研型实验，在研究性实验过程中，学生的意志得到了磨炼，技术也得到了增强。在研究性实验过程中，学生学会了带着问题去积极查找资料和文献，借鉴他人解决类似问题的方法，从被动式学习转变为主动式学习，从中体会到自主学习的乐趣，同时反作用于日常管理，对仪器设备更加爱惜，对实验室管理有了更大的兴趣，形成了相互赶超、相互促进，争当实验室管理者的氛围。

第二节　实验室物资管理平台的创新

一、实验用水管理

水是实验室常用物质，配制溶液、洗涤仪器或冷却等都需要用水。实验用水的纯度直接影响到实验结构和仪器的使用期限。天然水和自来水中含有各种离子、有机物、颗粒物质和微生物等杂质，不能直接使用，必须经过纯化后才能使用。在实际工作中，应根据分析任务和实验要求合理地选择适当规格的实验用水。

（一）实验室用水的规格

根据我国 GB/T 6682—2008《分析实验室用水规格和试验方法》规定，实验室用水的纯度分为三个级别：一级水、二级水和三级水。

一级水用于有严格要求的分析试验，包括对颗粒有要求的试验，如高效液相色谱分析用水。一级水可用二级水经过石英设备蒸馏或交换混床处理后，再经 $0.2\,\mu m$ 微孔滤膜过滤来制取。

二级水用于无机衡量分析等试验，如原子吸收光谱分析用水。二级水可用多次蒸馏、反渗透或离子交换等方法制取。

三级水用于化学分析试验。三级水是实验室最普通的实验用水，过去多采用蒸馏方法制备，故称为蒸馏水。目前，为节能和减少污染，大多改用离子交换或电渗析等方法制取。

（二）实验用水的检验指标

GB/T 6682—2008《分析实验室用水规格和试验方法》中规定，实验室用水的主要检验指标有 pH 值、电导率、可氧化物质、吸光度、蒸发残渣及可溶性硅，各项检验必须在洁净环境中进行，并采用适当措施，避免试样的玷污。水样均按精确至 0.1mL 量取，所用溶液以 % 表示的均为质量分数。试验中均使用分析纯试剂和相应级别的水。

电导率是纯水质量的综合指标，一级，二级水的电导率必须"在线"测定，即将电极装入制水设备的出水管道中测定，电极常数为 0.01 ~ 0.1cm。在实际应用时，人们往往习惯于用电阻率衡量水的纯度，若以电阻率表示，一、二、三级水的电阻率分别大于或等于 $10M\Omega \cdot cm$、$1M\Omega \cdot cm$、$0.2M\Omega \cdot cm$。

（三）实验用水的制备方法

GB/T 6682—2008《分析实验室用水规格和试验方法》中规定，制备分析实验用水的原料水应当是饮用水或其他比较纯净的水。如有污染，则必须进行预处理。常用的制备实验用水的方法有：蒸馏法、离子交换法、电渗析法、反渗透法、电去离子技术等。

1. 蒸馏法

蒸馏法是最早用于制备实验用水的方法。将原料水在蒸馏装置中加热气化，水蒸气通过冷凝管冷凝后即可得到蒸馏水。蒸馏一次的水为一次蒸馏水或普通蒸馏水，由于水中仍含有一些杂质，如 CO_2、某些易挥发物以及容器材料中某些水溶性成分等，导致电阻率达不到 $M\Omega$ 级，因此不能满足许多新技术的需要，只能用于配制普通实验溶液或洗涤器皿。要使一次蒸馏水达到纯度指标，必须进行重蒸馏。经过两次以上蒸馏的水称为重蒸馏水，可用于要求较高的实验。但实践表明，多次蒸馏无助于进一步提高水质，因为水质受到低沸点杂质、空气中 CO_2、器皿的溶解性等多重因素影响。

目前，实验室中多采用硬质玻璃、铜、石英或聚四氟乙烯等材料制成的蒸馏器。其中，石英亚沸蒸馏器特别适用于制备高纯水，特点：在液面上加热，使液面始终保持亚沸状态，这样可将水蒸气带出的杂质降至最低；蒸馏时头和尾都弃掉 1/4，只接收中间部分，冷凝后用石英容器接收。由于整个蒸馏过程中不使用玻璃容器或铜容器，且避免了与大气接触，因此可制得高纯水，电阻率约为 $5.0M\Omega \cdot cm$。

蒸馏法的优点是设备成本低，操作简单；缺点是能量消耗大，产率低，且只能除去水中非挥发性杂质，不能去除水溶性气体。

2. 离子交换法

离子交换法是目前各类实验室中普遍使用的方法，是利用阴、阳离子交换树脂上的 OH 和 H+ 可分别与原料水中的其他阴、阳离子交换的原理来净化水质，其交换反应如下：

阴离子 A 与阴离子交换树脂中 OH 的交换平衡

$$-RN+（CH3）3OH-+A-=-RN+（CH3）3A-+OH-$$

阳离子 M+ 与阳离子交换树脂中 H 的交换平衡

$$R-SO3-H++M+=R-SO3-M++H+$$

交换生成的 OH 和 H+ 结合成 HO，用该方法制得的水称为"去离子水"。

离子交换法的优点是除去离子类杂质能力强，出水量大，成本低；缺点是不能除去非电解质和有机物杂质，树脂本身也会溶解出少量有机物。用该方法制得的去离子水质量可达到二级水或一级水指标，可满足一般化学实验的需要。若要获得既无电解质又无微生物等杂质的纯水，还需将离子交换水再进行蒸馏。

3. 电渗析法

电渗析法是在离子交换技术的基础上发展起来的，是将离子交换树脂制成膜，在直流电场作用下，利用阳、阴离子交换膜对水中阴、阳离子的选择性透过，使杂质离子从水中分离出来。

与离子交换法相比，电渗析法的优点是设备自动化，无须用酸、碱进行再生；缺点是去除耗水量较大，只能除去水中的强电解质，且对弱电解质去除效率低，不能除去非离子型杂质，常含有少量微生物和某些有机物等。因此，用该方法制备的水不适用于高要求的实验。

4. 反渗透法

反渗透法的原理是通过加压使水分子渗透过孔径微小的反渗透膜，使水中 95% ~ 99% 的杂质截留在反渗透膜上。由于反渗透膜的孔径仅 $0.0001\mu m$ 左右（细菌 $0.4~1.0\mu m$，病毒 $0.02~0.4\mu m$），因此，该方法能有效除去水中可溶性盐、胶体、细菌和病毒等杂质，但对于一些更微小的离子，如硝酸根和溶解氯还是不能有效地除掉。

5. 电去离子技术

电去离子技术（electrodeionization, EDI）是将电渗析技术和离子交换技术相融合。通过阴、阳离子交换膜对阴、阳离子的选择性透过作用和离子交换树脂对离子的交换作用，在直流电场的作用下实现离子的定向迁移，从而完成水的深度除盐，水质可达 $15M\Omega \cdot cm$ 以上。在进行除盐的同时，水电离解产生的 OH- 和 H+ 对离子交换树脂进行再生，因此，不需酸碱化学再生并能连续制取超纯水。该方法具有技术先进、操作简便和优异的环保优点。

目前，国内外厂商已先后推出了多种纯水、超纯水设备，可供选用。这些设备整合了离子交换、反渗透、超滤和超纯去离子等技术，能达到实验室对水纯度的要求，具有操作简便、设备简单和出水量大等优点，可广泛应用于不同要求的分析工作。

（四）实验用水的贮存

影响纯水质量的因素主要有空气、容器和管路。

纯水一经放置，特别是与空气接触，容易吸收空气中 CO_2 等气体及其他杂质使其电导率会迅速上升，水的纯度越高，影响越显著。因此，纯水瓶应随时加盖，纯水瓶附近不要存放浓 HCl、$NH \cdot H_2O$ 等易挥发试剂。

用玻璃容器存放纯水，可溶出某些金属及硅酸盐；聚乙烯容器溶出无机物较少，但有机物比玻璃容器多。普通蒸馏水可保存在玻璃容器中，去离子水通常保存在聚乙烯塑料容器中；用于痕量分析的高纯水（电阻率 $\geq 18.2 M\Omega \cdot cm$）应现用现制备，临时保存在石英容器中。

纯水导出管在瓶内部分可用玻璃管。瓶外导管可用聚乙烯管，在最下端接一段胶管以便配用弹簧夹。

（五）实验用水的合理选用

根据分析的任务和要求的不同，对水的纯度要求也不同，应根据不同情况选用不同级别的实验用水。一般化学分析实验用三级水即可；仪器分析实验、临床实验室用水等一般使用二级水；特殊实验如酶学测定以及超微量分析等，多选用一级水。

二、一般化学试剂的管理

化学试剂是实验室里品种最多、经常性消耗的物质。试剂选择与用量是否适当，将直接影响实验结果；化学试剂大多具有一定的毒性及危险性，对其加强管理是确保人身财产安全的需要。因此，化学试剂的管理是实验室工作人员的重要工作。

（一）化学试剂的分类和规格

在实验工作中用于与待检验样品进行化学反应，以求获得样品中某些成分的含量（化学分析）；或者用于处理供试样品，以进行物相或结构的观察（物理检验）等用途的"纯"化学物质称为"化学试剂"。化学试剂的种类繁多，世界各国对化学试剂的分类和分级标准不尽相同。有的按"用途—化学组成"分类，如无机试剂、有机试剂和生化试剂等；有的按"用途—学科"分类，如通用试剂、分析试剂、标准试剂和临床化学试剂等；也有的按纯度或贮存方式分类。国际纯粹化学与应用化学联合会（IUPAC）对化学标准物质的分级有 A 级、B 级、C 级、D 级和 E 级。我国习惯将相当于 IUPACC 级和 D 级的试剂称为标准试剂，E 级为一般试剂。我国化学试剂的产品标准有国家标准（GB）和专业行业标准（ZB）及企业标准（QB）三级。

化学试剂中，有些试剂的纯度往往不太明确，例如，指示剂除少数标明"分析纯""试剂四级"外，通常只写明"化学试剂""企业标准"或"生物染色素"等。常用的有机溶剂、掩蔽剂等通常只作为"化学纯"试剂使用，必要时进行提纯。

基准试剂的纯度相当于或高于优级纯试剂，杂质少，稳定性好，化学组成稳定，主要用于标定标准溶液的浓度，也可直接配制标准溶液。

高纯试剂又可细分为高纯、超纯、光谱纯试剂等。高纯试剂的纯度远远高于优级纯试剂，其杂质含量以百万分率或十亿分率计，是为了专门的使用目的而用特殊方法生产的纯度最高的试剂，特别适用于一些痕量分析。目前，国际上尚无统一的明确规格，我国除对少数产品（如高纯硼酸、高纯冰醋酸、高纯氢氟酸等）制定了国家标准外，大多数高纯试剂的质量标准还很不统一。具体指标按用途决定，例如，"色谱纯"试剂是在最高灵敏度以 $1 \times 10\text{-}10g$ 无杂质峰来表示的；"光谱纯"试剂是以光谱分析时出现的干扰谱线的数目强度大小来衡量的，即其杂质含量用光谱分析法已测不出或其杂质含量低于某一限度。

生物化学中使用的特殊试剂纯度的表示方法不同于化学分析中的一般试剂，例如，蛋白质类试剂，经常以含量表示或以某种方法（如电泳法等）测定杂质含量来表示；酶的纯度是以酶的活力表示，即每单位时间能酶解多少物质。

国外试剂规格有的与我国一致，有的不同。可根据标签上所列杂质的含量对照加以判断，如常用的 ACS（American Chemical Society）为美国化学协会分析试剂规格、"Spacpure"为英国"Johnson Malthey"出品的超纯试剂、德国 E. Merck 生产的"Suprapur"（超纯试剂）等。

（二）化学试剂的选用

化学试剂的选用应遵循"在能满足实验要求的前提下，试剂级别就低不就高"的原则。化学试剂的纯度越高、价格越贵，高纯试剂和基准试剂的价格比一般试剂高数倍甚至数十倍。在实际工作中选用试剂纯度应与分析目的、分析方法和检测对象的含量相适应，做到科学合理地使用化学试剂，不能盲目地追求高纯度试剂，以免造成不必要的浪费，也不能随意降低规格而影响分析结果的准确度。试剂的选择应注意以下几方面。

（1）不同的分析方法对试剂纯度要求不同。痕量分析应选用高纯或优级纯，以降低空白值和避免杂质干扰；配位滴定最好选用分析纯及优级纯试剂，因为试剂中有些杂质金属离子会封闭指示剂，使终点难以观察；仪器分析实验一般使用优级纯、分析纯或专用试剂；做仲裁分析或试剂检验时，应选用优级纯或分析纯试剂。

（2）滴定分析中常用的标准溶液，一般先用分析纯试剂粗略配制，再用基准试剂标定。在对分析结果要求不很高的实验中，也可用优级纯或分析纯试剂替代基准试剂。滴定分析中所用的其他试剂一般为分析纯。

（3）很多优级纯和分析纯试剂所含的主体成分相同或相近，只是杂质含量不同。如果实验对所用试剂的主体含量要求高，则应选用分析纯试剂；如果对试剂杂质含量要求严格，则应选用优级纯试剂。

（4）如果现有试剂纯度不能达到某种实验要求时，可进行一次或多次提纯后再使用，在提纯过程中不得引入其他杂质。

（三）化学试剂的保管

化学试剂种类繁多、性质各异，在贮存过程中容易受到环境或其他因素的影响，保管不当容易变质失效或受到污染，不仅浪费，而且还可能导致实验失败，甚至会引发事故。因此，严格按照安全操作规程及安全管理规程的要求存放、保管和使用试剂是十分重要的。

化学试剂应根据试剂的毒性、易燃性、腐蚀性和潮解性等不同特点，以不同方式妥善管理。

1. 分类存放试剂

无机试剂可按酸、碱、盐、氧化物和单质等分类；有机试剂一般按官能团排列，如烃、醇、酸和酯等；指示剂可按用途分类，如酸碱指示剂、氧化还原指示剂和金属指示剂等；专用有机试剂可按测定对象分类。试剂柜和试剂均应保存在阴凉、通风、干燥处，避免阳光直射，远离热源、火源，要求避光的试剂应装于棕色瓶中或用黑纸或黑布包好存于暗柜中。

2. 选择适当的容器存放试剂

容易腐蚀玻璃而影响试剂纯度的试剂（如氟化物）应保存在塑料瓶中；见光会逐步分解的试剂（如 $AgNO_3$、$KMnO_4$ 等）、与空气接触易被氧化的试剂（如 $SnCl_2$、$FeSO_4$ 等）及易挥发的试剂（如溴水、氨水等）应放在棕色玻璃瓶内，置冷暗处存放；吸水性强的试剂（无水碳酸盐、氢氧化钠等）应严格密封；H_2O_2 虽然是见光易分解物质，但不能存放在棕色玻璃瓶中，因为棕色玻璃瓶中的重金属氧化物成分对 H_2O_2 有催化分解作用，因此 H_2O_2 需要存放在不透明的塑料瓶中；强碱性试剂（如 $NaOH$、KOH 等）应存放在带有橡胶塞的试剂瓶中。

3. 注意化学试剂的存放期限

一些试剂在存放过程中会逐渐变质，甚至形成危害。盛放试剂的试剂瓶都应贴上标签，并写明试剂的名称、纯度、浓度和配制日期，标签外应涂蜡或用透明胶带等保护。要定期检查试剂和溶液，变质或受污染的试剂要及时清理，标签脱落要及时更换，脱落标签的试剂在未查明之前不可使用。

三、危险性化学试剂的管理

危险性化学试剂是指易燃、易爆、有毒、有腐蚀性，对人员、设施、环境等易造成损害的化学试剂。多数分析实验工作或多或少地需要使用危险性化学试剂，因此需要加强危险性化学试剂的安全管理。

（一）危险性化学试剂的分类

1. 易燃易爆类试剂

这类试剂具有易于燃烧和爆炸的特性。一般将闪点在 25℃ 以下的化学试剂列入易燃化学试剂，闪点越低，越易燃烧。一些易燃试剂在激烈燃烧时可引发爆炸。

（1）易爆炸试剂。这类试剂遇到高热、摩擦、撞击、暴晒或明火等，可发生剧烈的化学反应，产生大量的气体和热量，从而引起猛烈的燃烧和爆炸。如三硝基苯酚（苦味酸）、叠氮化合物等。

（2）易燃液体试剂。这类液体试剂具有闪点低、易着火、挥发性大、黏度小和易扩散的特点。其蒸气与空气混合形成可燃混合物，当达到一定比例时，遇明火、静电或电火花可导致燃烧。如乙醚、丙酮、二硫化碳、苯等。

（3）易燃固体试剂。燃点较低，对物理或化学作用敏感，容易引起燃烧的固态物质称为易燃固体。物理作用因素包括热源、火源、机械力（摩擦、撞击、震动等）、高能辐射（激光、红外线等）；化学作用因素包括氧化剂、还原剂、氧化性酸等。易燃固体按燃点和易燃性可分为两级：①一级易燃固体，如红磷、磷化合物、硝基化合物、氨基化钠、重氮氨基苯等，对火源、摩擦及其敏感，有些遇到氧化性酸可燃烧爆炸，或在燃烧时释放有毒气体；②二级易燃固体，如亚硝基化合物、易燃金属粉末（镁粉、铝粉、锰粉等）、茶、硫黄等，燃烧性能较一级易燃固体差，但也易燃，且可释放有毒气体。

（4）易自燃试剂。有些物质在无外界热源的作用下，由于氧化、分解、聚合或发酵等原因，在常温空气中自行产生热量，由于向外散热的速度处于不平衡状态，热量逐渐累积，从而达到燃点引起燃烧，这类物质称为自燃物。自燃物一般具有化学性质活泼、燃点低的特点。潮湿、高温、包装松散、结构多孔、助燃剂或催化剂等因素的存在，都可促进自燃。这类试剂通常分为两级：①一级自燃物，如黄磷、白磷、还原铁等，在空气中氧化速度极快，燃烧迅速而猛烈，危险性大；②二级自燃物，其化学性质较一级自燃物稳定，如桐油、亚麻仁油等植物油类，由于含有不饱和键化合物，在潮湿和高温环境中容易产生自氧化作用和聚合作用，从而引起自燃。

（5）遇水易燃试剂；这类试剂在遇水或受潮时，发生剧烈的化学反应，放出可燃性气体和大量热，在没有明火的条件下可引起燃烧或爆炸。如金属 K，Na，Li，Ca 等。

2. 强氧化性试剂

强氧化性试剂大多数是过氧化物或具有强氧化能力的含氧酸及其盐，如过氧化氢、硝酸钾、高氯酸及其盐等。这类试剂具有十分活泼的化学性质，能释放出活性态氧，对其他物质产生强烈的氧化作用。当受到高温、日晒、撞击、摩擦等外界因素的影响，或与有机物、酸类、易燃物、还原剂等接触时，容易发生剧烈化学反应，引起可燃物质燃烧或构成爆炸性混合物。

3. 有毒化学试剂

有毒化学试剂指极少量侵入人体后就能引起局部或整个机体功能发生障碍，甚至造成死亡的化学试剂。常用半数致死剂量（LD50）或半数致死浓度（LC50）表示毒性大小，LD50 或 LC50 越小，毒性越大。WHO 推荐的五级标准将试剂的毒性分为剧毒、高毒、中等毒性、低毒和微毒五个等级。生物试验 LD50<50mg/kg 以下的称为剧毒物质，如氰化钾、氰化钠等。

4. 腐蚀性化学试剂

腐蚀性化学试剂指能灼伤人体组织，对金属和其他物品因腐蚀作用而发生破坏现象，甚至引起燃烧、爆炸和伤亡的液体和固体试剂。该类试剂大多具有刺激性，对眼睛、黏膜和气管有刺激作用，腐蚀损害皮肤、组织，对眼睛非常危险。轻微时可引起喉痛、黏膜红肿（有的催泪），严重时可引起气管炎、肺气肿，甚至死亡。常见的腐蚀性化学试剂有发烟硝酸、发烟硫酸、盐酸、氨水等。

5. 低温存放试剂

这类试剂需要低温存放才不致聚合、变质或发生其他事故。该类化学试剂有苯乙烯、丙烯酯、甲醛及其他可聚合的单体、过氧化氢、氨水、碳酸铵等。

（二）危险性化学试剂的管理

1. 易燃易爆类试剂

这类试剂应单独存放在阴凉通风的专用橱中，并在明显位置贴上写有"易燃"

字样的醒目标志。存放温度应低于 30℃（理想的存放温度为 -4℃ ~ 4℃），隔绝火源、热源和电源，还应做好防雨和防水工作。如果有条件，可在用砖或水泥制成的料架上放置，并根据贮存危险物品的种类配备相应的灭火和自动报警装置。在大量使用这类化学试剂的地方，一定要保持良好通风，所用电器一定要采用防爆电器，绝对不能有明火。

易燃液体，如：二硫化碳、苯、醚等，应密封于棕色试剂瓶中，置于阴冷处存放。试剂瓶不可盛装过满，启封用毕后，可用火棉胶重新封口，绝对不允许用正在燃烧的蜡烛进行滴蜡封口。这类试剂应单独存放，避免与强氧化剂或其他可燃物接近。如散落在地上，应立即用纸巾洗干，并做适当处理。夏季用冰箱保存乙醚（闪点为 -45℃）时，由于冰箱空间小，若长期不打开冰箱，乙醚会充满整个空间，普通冰箱使用继电器控温，容易产生火花引起爆炸。故必须使用防爆冰箱。

易自燃试剂，如黄磷（自燃点为 34℃）、白磷等应放在水中保存。贮存在阴凉干燥通风处，温度不宜超过 30℃ ~ 32℃，相对湿度应在 75% ~ 80% 以下。遇水燃烧试剂，如 K、Na 等，必须浸没在装有煤油或液状石蜡的试剂瓶中保存。CaC2、过氧化物等必须密封贮存，否则吸湿后会造成意外。

2. 强氧化性试剂

此类试剂应存放在阴凉、干燥、通风处，最高温度不得超过 30℃，应与酸、炭粉、木屑、硫化物、糖类等易燃物、可燃物或还原剂隔离。有条件时，氧化剂应分库或同库分区存放。

3. 有毒试剂

盛放有毒试剂的容器应密封，并在容器表面贴上"有毒"或"剧毒"等字样的标签。有毒试剂应与易燃易爆、氧化性、酸类试剂隔离，存放在阴凉干燥处。剧毒试剂如氰化钾、氰化钠和三氧化二砷等，必须锁在保险柜中，并且建立双人登记签字领用制度和使用、消耗、废弃物处理等制度，剩余的试剂必须交回。

4. 腐蚀性试剂

此类试剂存放处要求阴凉、干燥、通风处，温度不得超过 30℃，与氧化剂、易燃易爆性试剂隔离。酸性腐蚀性试剂与碱性腐蚀性试剂、有机腐蚀性试剂与无机腐蚀性试剂应相互隔离。应选用抗腐蚀材料（如耐酸水泥或陶瓷）制成的料架。另外，还应根据各种试剂自身的性质，分别采用防潮、避光、防冻、防热等不同保护措施。

5. 低温存放试剂

这类试剂需要低温存放才不致聚合、变质或发生其他事故，存放的适宜温度应在 10℃ 以下。

对于规模较小的实验室，当危险性化学试剂的数量很少时，允许与普通化学试剂同库贮存，但仍需按其特性分类分别存放，特别是遇水易燃物品，必须特别防护，防止万一发生火灾时与水或灭火剂发生反应引发新的危险。

四、标准物质的管理

为了保证分析测试结果的准确度，并具有公认的可比性，必须使用标准物质校准仪器、标定溶液浓度和评价分析方法。标准物质是测定物质成分、结构或其他有关特性量值的过程中不可缺少的一种计量标准。目前，我国已有标准物质近千种。

（一）标准物质的定义

标准物质（reference material，RM）是具有一种或多种足够均匀和很好地确定了的特性，用以校准测量装置、评价测量方法或给材料赋值的材料或物质。标准物质可以是纯的或混合的气体、液体或固体。例如，校准黏度计用的水、量热法中作为热容量校准物的蓝宝石、化学分析校准用的溶液等。

有证标准物质（certified reference material，CRM）是附有证书的标准物质，其一种或多种特性值用建立了溯源性的程序确定，使之可溯源到准确复现的表示该特性值的测量单位，每一种出证的特性值都附有给定置信水平的不确定度。

标准物质的名称，美国惯用 SRM（standard reference material），欧洲及其他一些国家惯用 CRM（certified reference material），我国计量名词术语中规定用 RM（reference material）。

（二）标准物质的分类和分级

1. 标准物质的分类

标准物质按其被定值的特性可分为化学成分标准物质（冶金、环境分析、化工等标准物质）、物理或物理化学性质标准物质（光学、磁学、酸度、电导等标准物质）以及工程特性标准物质（粒度、橡胶耐磨性、表面粗糙度等标准物质）。目前，世界上研制标准物质历史最久的美国国家标准技术局（NIST）也按这种方式分类。ISO颁布的认证标准物质目录按标准物质应用的领域部门进行分类，共分为 17 个类别。

我国标准物质管理办法中规定，按标准物质的属性和应用领域将标准物质分成十三大类，包括钢铁、有色金属、建筑材料、核材料与放射性、高分子材料、化工产品、地质、环境、临床化学与药物、食品、能源、工程技术、物理学与物理化学。

2. 标准物质的分级

根据标准物质特性量值的定值准确度，通常将标准物质分成两级或三级。美国国家标准技术局将标准物质分为两级，即一级标准物质（primary reference material）和二级标准物质（secondary reference material）。我国也将标准物质分为一级标准物质和二级标准物质，它们都符合"有证标准物质"的定义。

一级标准物质是统一全国量值的一种重要依据，由国家计量行政部门审批并授权生产，由中国计量科学研究院组织技术审定。一级标准物质用绝对测量法定量或两种以上不同原理的准确可靠的方法定值。若只有一种方法定值，可采取多个实验室合作定值。它的准确度达到国内最高水平，均匀性良好，稳定性在一年以上，主要用于研究与评价标准方法、作为仲裁分析的标准、二级标准物质的定值等。一级标准物质的编码以代码"GBW"开头，编号的前两位数是标准物质的大类号，第三位是标准物质的小类号，第四、五位数是同一类标准物质的顺序号。

二级标准物质常称为工作标准物质，由国务院有关业务主管部门审批并授权生产，采用准确可靠的方法或直接与一级标准物质相比较的方法定值。定值的准确度应满足实际工作测量的需要，准确度和均匀性能满足一般测量需要，稳定性在半年以上，主要用于评价现场分析方法、现场实验室的质量保证及不同实验室间的质量保证等。二级标准物质的编码以代码"GBW（E）"开头，编号的前两位数是标准物质的大类号，后四位数为大类标准物质的顺序号，最后一位是用英文小写字母表示的复制批号。

（三）标准物质的特性

1. 量值准确

量值准确是标准物质的基本特征，标准物质作为同一量值的一种计量标准，即凭借该准确特性量值校准仪器测量方法，进行量值传递，保证检测质量。

2. 均匀性好

在使用标准物质时常是取其中一部分，而标准物质的标示值是对一批标准物质定值的数据，因此均匀性好是标准物质使用的重要特征。

3 性能稳定

标准物质的稳定性是指标准物质长时间贮存时，在外界环境条件的影响下，物质特性量值和物理化学性质保持不变的能力。

4. 批量生产

标准物质必须有足够的产量和贮存以满足需要，特别是二级标准物质和质控物直接用于大量实际工作时。

5. 标准物质证书

一、二级标准物质必须有国家相关机构颁发的证书。标准物质证书是介绍该标准物质的属性和特征的主要技术文件，是向使用者提供的计量保证书，是使用该标准物质进行量值传递和进行量值溯源的凭据。

（四）标准物质的用途与选用

1. 标准物质的主要用途

（1）用于评价测量方法和测量结果的准确度。进行实际样品分析时，在测定样品的同时测定标准物质，如果标准物质的分析结果与所给证书上的保证值一致，则表示分析测量方法和结果准确可靠。

（2）作为校准物质。例如，用氧化谱钟滤光片校正分光光度计的波长，用 pH 标准物质校准 pH 计的刻度值，也可用标准物质监测和校正连续测定过程中的仪器稳定性、灵敏度和分辨率等。

（3）用作分析工作的标准。采用工作曲线法定量时，需要配制不同浓度的标准系列（工作标准），采用标准物质作为工作标准，可以大大提高分析结果的准确性和可比性。

（4）用于分析质量保证工作。在分析测试中，质量控制的方法很多，但比较简便可靠的方法是在分析中使用标准物质。

2. 标准物质的选择原则

标准物质的选择应考虑分析方法的基体效应、定量范围、操作方式、样品的基体组成和测定结果的准确性要求等诸多因素，应遵循以下原则。

（1）采用与待测试样组成相似的标准物质。所谓相似，只是要求类型上相似、基体大致相同，如待测样品为水质试样，那么就选择水质标准品。

（2）标准物质的准确水平与期望分析结果的准确度匹配。我国标准物质证书上用"不确定度"、相对标准偏差等方式表示标准物质特性值的可靠性，所选用的标准物质的准确度应高于期望分析结果准确度的 3 ~ 10 倍。

（3）标准物质的浓度水平应与直接用途相适应。由于分析方法的精密度会随测试浓度的降低而放宽，因此应选择与被测试样浓度接近的标准物质。若标准物质用于评价分析方法，应选择浓度接近方法上限和下限两个标准物质；若用标准物质校准仪器，应选用浓度在仪器测量范围内的标准物质。

（五）标准物质的管理

（1）建立标准物质总账，记录标准物质的名称、组成、批号、购买日期、有效期、证书号和存放地点等信息。

（2）标准物质应由专人保管，设专门存放区域，配有明显标识，并采取适当的防污染措施，以保证其有效性。

（3）超出有效期限的标准物质，或在有效期内出现异常的标准物质，应由管理人员填写标准物质报废申请，经审批后处理。

（4）剧毒化学品的标准物质应按剧毒化学品管理规定进行管理，对其使用要进行跟踪记录。

五、质量控制血清的管理

（一）质量控制血清

质量控制血清（质控血清）是指已有鞭值的血清，主要用于临床实验室的检验质量评价工作中。在每次的常规检验中加入一份或数份，通过所得结果来了解本次检验的情况。若质控血清检验结果的误差能控制在一定范围内，就说明该检验没有发生不允许的误差。如果出现超过允许误差范围的异常结果，则提示该检验不合格，应寻找原因，纠正后重检待测标本。因此，质控血清在质控工作中起重要作用。

质量控制血清分定值和未定值两种。如只用一份质控血清定值，一般定在正常值与异常值交界点上，定性测定时处于弱阳性水平，称为临界值。临界值质控血清可以作为试剂盒中的阳性对照品和阴性对照品以外的第三个对照品，它可以灵敏地反映出试剂盒的检出水平，确保弱阳性反应的标本不漏检。

（二）质量控制血清的选用

每个实验室可以根据自己的条件，选用国家临床中心提供的质控血清，或自己制备本室使用的质控血清。自制的不定值质控血清，在一批质控血清将用完之前，需准备下一批质控血清。质控血清要求性能稳定，较长期内效价不变，其理化性质应与病人样本相近，这样才能有效地起到监测作用。

（三）质量控制血清的保存

质量控制血清可以在 -20℃保持半年定值不变，冰冻状态融化使用时，应先混匀，未用完部分可在 4℃保存。一般按一周实验用量分装、分类、标记、封口、-20℃冻存于冰箱中，不可反复冻融，一旦融化后应该存放于 2℃~8℃，且尽快使用。

六、标准菌株的管理

要搞好临床微生物学检验质控，必须保存有一批标准菌株作为对仪器、培养基、染色液、试剂和诊断血清的质控菌株，也可作为培训细菌检验的工作人员的教具。

（一）标准菌株

1. 标准菌株

标准菌株是由国内或国际菌种保藏机构保藏的，遗传学特性得到确认和保证并可追溯的菌株。生物学特性敏感的标准菌株可用于培养基、试剂、染色液和抗血清的质控，对抗菌药敏感的标准株可用于做药敏试验的质控，标准菌株还可用于鉴定未知被检菌时作为对照使用，还可作为制备诊断用抗血清的抗原以及用来测定商品抗血清的效价等。

2. 标准菌株应具备的条件

（1）标准菌株在形态、生理、生化及血清学等方面要具有典型特性并相当稳定。

（2）标准菌株对所试药物要产生恒定的抑菌环和恰当的最小抑菌浓度值。

（3）标准菌株对测试项目反应要敏感。

3. 标准菌株的来源

标准菌株常常来源于权威机构，比如，美国典型菌种保藏中心（American Type Culture Collection，ATCC）、英国国家菌种保藏中心（The United Kingdom National Culture Collection，UKNCC）、中国普通微生物菌种保藏管理中心（China General Microbiological Culture Collection Center，CGM-CC）、中国工业微生物菌种保藏管理中心（China Center of Industrial Culture Collection，CCICC）等。此外，实验室分离菌株也可作为标准菌株，但必须经过严格鉴定，其形态、生理、生化特征典型，经多次传代，特征恒定，否则不能作为标准菌株。

（二）标准菌株的管理

1. 供应商的选择

选择有资质的标准菌株合格供应商，每批标准菌株必须附带有供应商的合格证或检测报告或说明书，来证明所采购的标准菌株是合格的。

2. 标准菌株和验收

实验室收到标准菌株，首先应进行符合性感官检查，记录菌株号和标准菌株来源途径信息，确保溯源性清楚。同时还应记录标准菌株名称和数量、生产日期、接收日期和有无破损等情况。

3 冻干标准菌株的复苏

购回的标准菌株一般为冻干粉剂，依照随产品附有的菌种复活方法，在相应的生物安全水平下打开包装，选择合适的培养基和培养条件（根据生产商说明或有关技术通则）进行复活。冻干菌株的传代次数不得超过 5 代。

4 菌株性能的确认

（1）纯度检查（观察菌落形态）：取复活后的培养物，在相应的鉴别平板或非选择平板上画线分离，培养出单菌落，观察菌落形态是否符合该菌株要求，同一平板上的单菌落大小、形状、颜色、质地和光泽是否相似，对于出现两种以上形态的菌株，应再分别挑取单菌落画线，检测是否出现相同特征。

（2）细胞形态：取画线平板上的单菌落，革兰染色反应应符合要求，且呈现一致性。

（3）必要时进行生化鉴定。

（4）污染处理：如发现菌株有污染，挑选目标菌培养成功后，将培养物灭菌销毁（121℃，30分钟）。

5. 标准菌株的保存

保存菌种的方法应根据菌种的类型和保存目的进行选择，一般包括以下几种方法。

（1）一般保存方法。用高层琼脂保存，使细菌处于代谢缓慢状态，并按照各种细菌生长的情况做定期移种。此方法是最简单的保存方法，不需要特殊设备，并可随时提供使用，最长可保存1年。但细菌经多次移种后，性状可能发生变异。

（2）低温冷冻保存方法。取对数生长期的细菌混悬于小牛血清或无菌脱纤维羊血0.5~1.0mL中，容器中加入无菌玻璃珠数枚，贮存于-40℃冰箱中。需要时用无菌镊子取出一枚玻璃珠置培养基中，即可获得新鲜菌种。大部分细菌用此方法可保存6~12个月，甚至更长时间。应注意：标准菌株保存管一经融化使用后，不得再次冻存。

（3）冷冻干燥法。是菌种保存最佳方法，可以免去细菌因频繁传代而造成的菌种污染、变异和死亡。此法需冷冻干燥设备，操作较费时，但适用于需要长期保存的菌种。

菌株保存的注意事项：①不能用含有可发酵性糖的培养基保存菌种；②不可以使用选择性培养基，不能从药敏试验平板培养基上留取菌株；③不得使培养菌干枯，所有试管要保持良好的密封性；④对温度变化敏感的细菌，如淋病奈瑟菌和脑膜炎奈瑟菌，不可贮存于冰箱，但可用快速冷冻干燥法长期保存；作为抗菌药物敏感试验用的标准菌株，由保存状态取出后，不能连续使用1周以上，应定期传代，但一般不超过6次，必要时进行更换。

6. 标准菌株的期间核查

标准菌株的期间核查频率为每半年一次，工作菌株期间核查的方法同菌株的性能确认方法，同时建立标准菌株期间核查记录。

7. 标准菌株的废弃

标准菌株如已老化、退化、变异、污染等，经确认试验不符合的或该菌种已无使用的应及时销毁。废弃的标准菌株由部门负责人批准，使用人员将其放入 121℃高压锅内，高压灭菌 45 分钟后作为废弃物处理。

8 记录

实验室应记录标准菌株的配制、复活、传代和确认等工作内容并定期交文档管理员存档。

七、培养基的管理

培养基是供微生物、植物和动物组织生长和维持用的人工配制的养料，一般都含有碳水化合物、含氮物质、无机盐（含微量元素）以及维生素和水等。有的培养基还含有抗生素和色素，用于单种微生物的培养和鉴定。

（一）培养基的分类

1. 按物理状态分类

培养基可按其物理状态分为固体培养基、液体培养基和半固体培养基三类。

（1）固体培养基。是在培养基中加入凝固剂，如琼脂、明胶或硅胶等。固体培养基常用于微生物分离、鉴定、计数和菌种保存等方面。

（2）液体培养基。液体培养基中不加任何凝固剂。这种培养基的成分均匀，微生物能充分接触和利用培养基中的养料，适于作生理等研究，由于发酵率高，操作方便，也常用于发酵工业。

（3）半固体培养基。在液体培养基中加入少量凝固剂而呈半固体状态，可用于观察细菌的运动、鉴定菌种和测定菌体的效价等方面。

2. 按微生物的种类分类

培养基按微生物的种类可分为细菌培养基、放线菌培养基、酵母菌培养基和真菌培养基等四类。

（1）常用的细菌培养基有营养肉汤和营养琼脂培养基。

（2）常用的放线菌培养基为高氏 1 号培养基。

（3）常用的酵母菌培养基有马铃薯燕糖培养基和麦芽汁培养基。

（4）常用的真菌培养基有马铃薯蔗糖培养基、豆芽汁蔗糖（或葡萄糖）琼脂培养基和察氏培养基等。

3. 按用途分类

培养基按其用途可分为基础培养基、加富培养基、选择培养基和鉴别培养基。

（1）基础培养基：是含有一般微生物生长繁殖所需基本营养物质的培养基，牛肉膏蛋白质培养基是最常用的基础培养基。

（2）加富培养基：是在基础培养基中加入血液、血清、动植物组织提取液制成的培养基，用于培养要求比较奇特的某些微生物。

（3）选择培养基：是在普通培养基中加入特殊营养物质或化学物质，以抑制不需要的微生物的生长，有利于所需微生物的生长，用于将某种或某类微生物从混杂的微生物群体中分离出来。

（4）鉴别培养基：是在培养基中加入某种试剂或化学药品，使其培养后会发生某种变化，从而区别不同类型的微生物，如鉴别大肠杆菌的伊红亚甲蓝培养基、鉴别纤维素分解菌的刚果红培养基等。

（二）培养基的管理

1. 培养基的购买

培养基保管员或岗位检验人员要根据培养基使用情况及剩余量及时向实验室主任提出申购，经质量管理部经理审批后方可购买。应当从可靠的供应商处采购，生产厂家应尽量稳定，必要时应当对供应商进行评估；一次购入量不宜过多。

2. 培养基的接收

培养基购进后，由保管员负责接收，并及时填写相应的接收记录，如培养基标签未标注有效期，则应当在培养基的容器上标注接收日期。

3 培养基的保管

（1）培养基的保管：培养基性状均为粉末，有特殊气味，容易受潮。保管员核对品名、数量后，按标签的要求于阴凉干燥处贮存，防止光照、潮湿。

（2）储存期限：新购进未开瓶的干粉培养基按厂家说明书上的储存期限储存。开口后的干粉培养基的储存条件和有效期均按说明书上的规定执行。

4. 培养基的使用

（1）培养基购进后，按批对其进行灵敏度检查，检查合格后方可使用，并有相关记录。

（2）在配制培养基时应先检查干燥培养基的外观性状，凡结块、霉变者均不能使用。

（3）培养基的配制方法、消毒温度、消毒时间均应按培养基的标签要求进行。每配制一批培养基都应填写培养基配制记录。

（4）微生物限度检查用培养基应尽量现用现配，否则应置 2℃ ~ 10℃冰箱保存，配制好的基础营养培养基应在 2 周内用完；生化鉴别培养基应在 1 周内用完；选择性分离鉴别培养基制成平板后应在 24 小时内用完。使用培养基时应及时填写相应的使用记录。

（5）实验完毕后，被微生物污染的培养基均应经 121℃、30 分钟高压灭菌处理后才能丢弃。

八、玻璃器皿的管理

（一）玻璃的化学组成、分类和性质

玻璃中最主要的成分是二氧化硅（SiO_2），占 65% ~ 81%，还含有氧化钙（CaO）、氧化钠（Na_2O）、氧化钾（K_2O）、三氧化二硼（B_2O_3）和氧化铝（Al_2O_3）等，有些特殊性能的玻璃还加入了氧化铅（PbO）、氧化锌（ZnO）、氧化镁（MgO）等化合物。

通常情况下，玻璃具有良好的化学稳定性。这是由于玻璃在生产出来后，首先与空气中的水蒸气接触，通过一系列复杂的化学反应，在玻璃表面形成一层极薄的化学保护膜。玻璃的化学组成不同，保护膜的结构也不同，对玻璃的保护作用也就不同。一般情况下，大多数酸很难破坏玻璃表面的这层保护膜，因此，玻璃具有较好的抗酸性能。但氢氟酸可在常温下腐蚀玻璃，这是因为氟更容易与硅结合；另外，热浓磷酸和冰磷酸对玻璃腐蚀作用也较为明显。硅酸盐玻璃一般不耐碱，特别是在加热情况下容易受碱侵蚀；玻璃器皿长期使用后，可能出现玻璃表面灰暗、斑点和油脂状薄膜等，这是由于玻璃中的碱性氧化物在潮湿空气中可与二氧化碳反应生成碳酸盐而导致的。

（二）玻璃器皿分类

实验室玻璃器皿是实验用玻璃制品的总称。玻璃器皿不同于一般仪器，没有光、电、机等部件，也不属于固定资产。通常可分为玻璃容器、玻璃量器、玻璃烧器、成套玻璃器皿和其他玻璃器皿五大类。

1. 玻璃容器

实验室中最常用的玻璃容器是试剂瓶，用于长期存放化学试剂和药品。试剂瓶的材质多为钠钙玻璃，质地较软，不能直接加热。

试剂瓶分棕色和无色（白色）两种，棕色试剂瓶用于贮存对光不稳定的化学试剂和药品。

根据瓶口的形状可分为螺口试剂瓶、磨口试剂瓶和滴瓶。磨口试剂瓶又分为广口（大口）试剂瓶、细口试剂瓶和下口试剂瓶等。

2. 玻璃量器

玻璃量器是用于度量液体的玻璃器皿，一般材质为钠钙玻璃，不能直接加热。

根据用途可分为量出式和量入式。量出式用于测量从量器中排出的液体体积，用符号"Ex"表示，常用的有滴定管、移液管；量入式用于测量注入量器内的液体体积，用符号"In"表示，常用的有容量瓶；量筒既是量出式，也是量入式。

按准确度不同，量器分为 A 级和 B 级两类。玻璃量器的容量是在标准温度 20℃的条件下确定的，不同种类精确度不同，有一定误差。量出式量器中微量滴定管和微量移液器相对误差较小；量入式量器中容量瓶相对误差较小。在实际工作中，应根据实验需要进行选择，有些还需要在使用前进行检定和校准。

3 玻璃烧器

玻璃烧器的材质通常为硅硼玻璃，具有良好的热稳定性，一般耐急变温度可到280℃，可以直接加热。玻璃烧器分烧杯和烧瓶两类。

烧杯又分高型、低型和三角型，其中以低型烧杯最常用，烧杯上一般印有容量分度线，但刻度仅为估计值，因此不能用烧杯作为精准量度。

烧瓶常见的种类主要有锥形烧瓶（三角烧瓶）、圆底烧瓶（球形烧瓶）、圆形平底烧瓶、三口烧瓶和凯氏烧瓶等。烧瓶又分普通口和磨砂口两种。磨砂口尺寸是依据国际和国家标准，用磨口部位直径和磨口部位椎体长度来标示的，如 Bz14/23 是指磨口大端直径为 14mm，磨口部位椎体长为 23mm。因此，在选择购买磨砂口烧瓶时，除考虑烧瓶的容量和形状外，还需注明它的口径。标准磨砂口烧瓶可与其他具有磨砂塞的标准玻璃器皿连接组合成仪器系统，如回流系统、蒸馏系统和反应系统等。

4 成套玻璃器皿

成套玻璃器皿是指经二次加工成型、形状特殊、结构复杂、用途专一的玻璃器皿。实验室中常见的有蒸馏器、旋转蒸发仪和冷凝装置等。

5. 其他玻璃器皿

实验室中还有一些玻璃材质的仪器，如试管、分液漏斗、培养皿、培养瓶、盖玻片、蒸发皿、比色杯和搅拌棒等。

（三）玻璃器皿的洗涤

使用不清洁的玻璃器皿，会影响实验结果的准确性，因此，在实验之前，必须将所用玻璃器皿洗涤干净。实验室中常用的洗涤方式有：

（1）刷洗法：用有清洗剂的毛刷刷洗仪器，洗涤过程中不能使用具有研磨效果的洗涤剂，以免损伤表面。

（2）超声波清洗法：在超声波洗涤仪上进行清洗，与其他洗涤方法相比，超声波洗涤比较温和，只要将器皿妥善地安放在清洗网中，就不会受损，但使用中应避免器皿直接接触超声传感器。

（3）浸泡法：在室温下将器皿泡入清洗溶液 20 ~ 30 分钟，然后使用自来水冲洗，最后用去离子水清洗，遇有顽固污物可适当升高浸泡的温度或延长浸泡时间。

在实际工作中应根据实验要求、污物性质和污染程度、玻璃器皿的类型和形状等选择合适的洗涤方法。洗涤过的玻璃器皿要求清洁透明，倒置时水沿器壁自然下流且不挂水珠。

1. 新购玻璃器皿的清洗

新购玻璃器皿，其表面附有游离金属离子、油污和灰尘，可先用洗涤剂（肥皂水、去污粉或洗洁精等）刷洗，用流水冲净后，浸泡于 1% ~ 2%HCl 溶液中过夜，流水冲净酸液后，最后用蒸馏水冲洗 3 次，晾干备用。

2. 使用过的玻璃器皿的清洗

（1）一般玻璃器皿的洗涤。如试管、烧杯、锥形瓶、试剂瓶、量筒等，首先用自来水洗刷后，再用毛刷洗涤剂刷洗，再用自来水反复洗，最后用蒸馏水淋洗 3 次。倒置晾干备用。

（2）容量分析仪器的洗涤。吸量管、滴定管和容量瓶等，先用自来水反复冲洗，待晾干后，再用铬酸洗液浸泡过夜，用自来水冲净资后，最后用蒸馏水淋洗数次，晾干备用。

（3）比色杯（皿）的洗涤。比色杯用后立即用自来水反复冲洗，再用蒸馏水或纯水冲洗数次，倒置于比色架上晾干备用。避免用碱液或强氧化剂清洗，切忌用试管刷刷洗或粗糙布、滤纸擦拭。有些有机染料（如考马斯蓝）极易附着在玻璃表面，不易用流水冲净，可先用体积分数为 95% 的乙醇浸泡 2 分钟，再用自来水冲净乙醇，然后用蒸馏水或纯水冲洗 3 次，倒置于比色架上晾干备用。

（4）砂芯玻璃滤器的洗涤。可反复用水冲洗沉淀物，或针对不同沉淀物采用适当的洗涤剂溶解沉淀，再用蒸馏水冲洗干净，置于 110℃烘箱内烘干，然后保存在无尘柜或有盖的容器内，防止灰尘堵塞滤孔。

（5）组织培养用玻璃器皿的洗涤。对于含有病原微生物的试管、培养瓶和培养皿等玻璃容器，应首先进行高压灭菌或用化学试剂消毒，倒掉灭菌后的污物，再用自来水冲洗玻璃容器，去除培养基及杂物，用自来水浸泡过夜。再用含有去垢剂的温热自来水，用刷子仔细刷洗容器，用温热自来水将污垢彻底洗净后，最后用蒸馏水和超纯水分别冲洗 3 次，开口朝下晾干备用。

对于用水或洗涤剂刷洗不干净的玻璃器皿，可用铬酸洗液清洗。铬酸洗液具有很强的腐蚀性，容易灼伤皮肤和腐蚀衣物，使用时要注意以下几方面：①浸入洗液前应将容器晾干，以免稀释洗液影响洗涤效果；②洗液用后应倒回原瓶以便重复使用；③洗液变绿后不再具有氧化性和去污力，不能再用；④由于六价铬化合物具有毒性，所以冲洗所用的第一遍和第二遍洗涤水不能倒入下水道，应回收处理。

（四）玻璃器皿的干燥

玻璃器皿常用的干燥方法有晾干、烘干和吹干等。

1. 晾干

玻璃器皿洗净后，可沥尽水分。倒置于无尘的干燥处，让其自然风干。

2. 烘干

一般玻璃器皿洗净、沥尽水分后，可置于烘箱中105℃～110℃，烘1小时左右；有盖（塞）的玻璃器皿，如容量瓶、称量瓶等，应去盖（塞）后烘烤，且烘干后应放置在干燥器中冷却保存；量器不能用烘烤方式干燥。

3. 吹干

对于急于干燥的仪器或不适合放入烘箱的较大玻璃器皿，可用吹干方式干燥。通常先用少量乙醇、丙酮倒入已经沥干水分的器皿中摇洗，控净溶剂后用吹风机吹干，先用冷风吹1～2分钟，待大部分溶剂挥发后改用热风吹至完全干燥，最后再用冷风吹散残余的蒸气。此方法最好在通风橱中操作，以防中毒，且操作过程中不得接触明火，以防有机溶剂爆炸。

（五）玻璃器皿的灭菌

高压蒸汽灭菌是一种使用最广泛、效果最好的消毒方法，可杀灭包括芽孢在内的所有微生物。为达到灭菌效果，在进行高压蒸气消毒灭菌前，玻璃器皿必须清洗干净。器皿不能装得过满，要保证消毒器内气体的流通。在加热升压之前，先要打开排气阀门排放消毒器内的冷空气，冷空气排出后，关闭排气阀门，同时检验安全阀活动自如，继后开始升压。当达到所需压力时，开始计消毒时间。灭菌过程中，操作者不能离开工作岗位，要定时检查压力，防止意外事件发生。

（六）玻璃器皿的存放

仪器清洗、干燥后，应分门别类存放以便取用。常用的玻璃器皿应存放在实验柜中，较大或形状复杂的玻璃器皿应放置在固定的木架上，不要放置抽屉中，以防抽屉拉出或推入时造成玻璃器皿晃动、碰撞而受损。玻璃不要与金属或其他硬而重的物品混放，应单层摆放，不得多层叠堆，更不得在上方放置重物。下面介绍几种常用玻璃器皿的保管方法。

1. 带磨口的玻璃器皿

为保证磨口的配套，常用的磨口玻璃器皿如容量瓶、比色管、分液漏斗等应在清洗前用皮筋或线绳拴好塞子；需要长期存放的磨口玻璃器皿应在磨口和活塞处垫一张纸条，以防止粘连。

2. 移液管、吸量管

可在清洗干燥后，用滤纸包住两端，置于移液管架上。

3. 滴定管

清洗后倒置夹在滴定管架上。长期不用的滴定管，要清除磨口处的凡士林，然后在活塞和磨口处垫一张纸片，用皮筋拴好活塞保存。

4. 比色皿（杯）

清洗完毕后，在托盘中垫一层干净的滤纸，倒置晾干后装入比色皿盒中保存。

5. 成套玻璃器皿

如索氏提取器、冷凝装置等清洗干燥完毕后，应存放于专用的包装盒中。

九、实验用塑料器皿的管理

实验室常用的塑料器皿有试剂瓶、试管、吸头、吸管、量杯、量筒、一次性注射器和移液器等。塑料制品具有易于成型、加工方便、卫生性能优良和价格便宜等特点，正在逐步取代玻璃制品，广泛用于科研、教学等领域。

（一）实验室常用的塑料制品种类

塑料的主要成分是树脂，以增塑剂、填充物、润滑剂、着色剂等添加剂为辅助成分，不同结构的塑料制品具有不同性能。一般实验室选用对生物材料不敏感的塑料制品，如聚乙烯、聚丙烯、聚甲戊烯、聚碳酸酯、聚苯乙烯和聚四氟乙烯等。化学试剂可影响塑料制品的机械强度、软硬度、表面光洁度、颜色和大小等。因此，在选用塑料制品时应充分了解每种塑料制品性能。

1. 聚乙烯（PE）

聚乙烯化学稳定性较好，但遇到氧化剂会氧化变脆；常温下不溶于溶媒体，遇腐蚀性溶媒会变软或膨胀；聚乙烯卫生性能最好，如培养基所用蒸馏水通常保存在聚乙烯瓶中。

2. 聚丙烯（PP）

聚丙烯结构和卫生性能与 PE 相似，白色无味，密度小，是塑料中最轻的一种。

聚丙烯可耐高压，常温抗溶，与多数介质不起作用，但对强氧化剂比 PE 敏感，不耐低温，0℃易碎。

3. 聚甲戊烯（PMP）

聚甲戊烯透明，耐高温（可耐 150℃高温，短时可耐 175℃）；抗化学品能力与 PP 接近，容易被氯代溶媒和碳氢化合物软化，比 PP 更易被氧化腐蚀；硬度高，室温下脆性高、易碎。

4. 聚碳酸酯（PC）

聚碳酸酯透明、坚韧、无毒、耐高压、耐油。能与碱液和浓硫酸作用，受热后可发生水解并溶于多种有机溶媒。聚碳酸酯可用作离心管，可在紫外灭菌箱内全程灭菌。

5. 聚苯乙烯（PS）

聚苯乙烯无色、无味、无毒、透明、卫生性能好。抗溶媒性能弱，机械强度低，性脆，易开裂，不耐热，易燃。聚苯乙烯常用于制作一次性医疗用品。

6. 聚四氟乙烯（PTEE）

聚四氟乙烯白色，不透明，耐磨，常用于制作各种塞子。

7. 聚乙烯对肽酸 G 共聚物（PETG）

聚乙烯对肽酸 G 共聚物透明、坚韧，不透气，无细菌毒素，广泛用于细胞培养，如制作细胞培养瓶；可用放射性化学品消毒，但不能用高压消毒。

（二）塑料制品的清洗

通常可用中性洗涤剂清洗塑料制品，然后用自来水、蒸馏水冲洗；超声波清洗方法也适用于清洗塑料制品；当然也可以根据塑料表面污物的性质及塑料制品的性能，选择一些特殊的清洗方法。

1. 油脂的清洗

若塑料制品表面有油脂，通常先用弱碱性洗涤剂清洗，再用自来水充分冲洗，最后用去离子水冲洗。PC、PP 和 PS 塑料制品只能使用中性去污剂手动洗涤，也可用乙醇清洗，其他有机溶剂或溶媒也会破坏这些塑料制品。对于可用有机溶媒清洗的塑料制品，浸泡清洗的时间也不宜过长，以防其膨胀变形，用溶媒清洗后的塑料制品要用自来水反复冲洗，再用去离子水冲洗数次，控干待用。

2. 有机物的清洗

用铬酸洗液浸泡可去除塑料表面的有机物，但由于其具有强氧化性，可能导致塑料制品变脆，因此浸泡时间不宜超过 4 小时；另外，常温下用次氯酸钠溶液也可去除有机物。

3.痕量元素的清洗

塑料制品通常都含有少量金属元素，常见的元素有 Na、Ca、Fe、Al、Cu、Zn、Mg、Pb、Si 和 B 等。为防止这些元素溶出影响实验结果，可在使用前用 1mol/L 盐酸溶液浸泡，再用去离子水冲洗；对于超净实验，可在浸泡过盐酸溶液后，再用 1mol/L 硝酸溶液浸泡（总浸泡时间不得超过 8 小时），然后用去离子水冲洗。若塑料制品表面吸附了痕量的金属有机物，可先用乙醇、碱或三氯甲烷清洗表面，再用 1mol/L 盐酸溶液浸泡，最后用去离子水冲洗，控干待用。

（三）塑料制品的灭菌

含有生物危险品的塑料制品必须先灭菌再清洗或丢弃，对于 PP、PMP 材质的塑料制品可反复高压蒸气灭菌；PC 和 PS 反复高压蒸气灭菌后拉力减弱，因此不采用该方法进行灭菌。塑料比金属或玻璃的导热慢，达到灭菌效果的时间较长，通常灭菌温度和气压分别为 121℃和 103.4kPa，灭菌时间为 15 ~ 20 分钟。

（四）塑料制品中核糖核酸酶和去氧核糖核酸酶的去除

通常 RNA 提取和 RT-PCR 实验操作失败的原因是由于器皿被核糖核酸酶（RNase）和去氧核糖核酸酶（DNase）污染。实验中应尽量使用不含 RNase 的一次性塑料制品。重复使用的塑料制品可用浓度为 1g/L 二乙基焦碳酸（DEPC）水溶液于 37℃浸泡 2 小时，再用去离子水冲洗，然后放入高压蒸汽灭菌器中，高压灭菌 15 分钟去除残余的 DEPC。

第三节　实验室队伍建设的创新

实验室是一个有机整体系统，尽管实验室管理对象和职能多种多样，但都离不开实验室人员，对实验室人员的管理是实验室管理的核心工作。在实验室建设和管理的诸多因素中，实验室人员是第一位的，是其中最具活力的、能动的、富有创造力的因素，是实验室开展所有工作中不能替代的关键性因素。实验室的新技术、新产品、新发现只有通过人的能动创造，才能形成财富，要使实验室具备较高的综合实力，其中起关键作用的是人员素质，把握好这个因素，即使有些实验室设备条件较差也能发挥出较高的技术水平。因此，要使实验室工作顺利进行，就必须注重实验室人才队伍的建设，努力建设一支技术精、水平高、作风硬的实验室人才队伍。

实验室队伍建设主要包括人员的素质、组成、结构及培训等方面，实验室人力资源管理的理想目标是达到人员数量及结构的合理、素质的精良。一个合格的实验人员应该具备良好的心理素质、职业要求的思想品德素质、适应职业工作的身体条件，掌握必要的知识和操作，具备可再学习、勇于创新的能力。不同岗位有不同的功能目标，每个实验室人员都应在完成组织目标的前提下，充分发挥自己的才智。

实验室队伍建设和管理需要一套切实可行的人力资源管理制度做支撑，包括岗位职责、激励机制、考核奖惩、竞争机制以及培训制度。通过改进实验室管理和工作机制，实验室人员感到工作有意义、很重要；通过各种形式的培训，实验室人员感到学校对自己是重视的。

加强实验室人员的管理已成为推进实验教学创新的源头，是建好实验室并充分发挥作用的根本保证。要做好实验室人员的管理工作，关键在于建立和健全科学的、高效的管理体制，为此，本节制定了实践教学中心工作范围、中心领导岗位职责、实验室工作人员守则、实验室工作人员培养与培训管理办法等，制定这些管理办法的目的是对实验管理人员的工作职责进行明确规定，对实验室工作人员进行培养与培训，调动实验室各级人员的工作积极性，促使他们成长、进步，保障实验室人员不断层，保证实验室正常运转，为教学和科研服务。

实验室人力资源管理（management of laboratory human resources）的主要内容包括人才队伍建设、人员培训和人员考核等方面。实验室人力资源管理是实验室管理的重要内容之一，人才队伍的好坏决定一个实验室综合实力高低。所以，建设一支组成和结构合理、素质精良和可持续发展的人才队伍是实验室人力资源管理的目标。

一、实验室人才队伍建设

实验室是一个有机整体，在影响检验数据可靠性及检验结论正确性的诸多因素中，实验室人员是其中最具活力的、能动的和富有创造力的因素，是实验室在开展所有工作中其他因素不能替代和无法补救的关键性因素。把握好这个因素，有时能使某些设备条件较差的实验室在技术能力方面表现出较高的水平。因此，建成一支技术精、水平高和作风硬的实验室人才队伍至关重要。

（一）实验室人员的素质

实验室人员素质是指人的内在基质，是一个人能完成特定工作或活动所必须具备的基本条件，也是其能完成任务取得成绩以及能继续发展的前提。虽然事业的成功须有许多客观条件的保证，但良好的素质是任何一个有成就、有发展的人完成任务获得成功必不可少的重要因素。

一般来说，实验室人员的素质由心理素质、品德素质、文化知识素质、能力素质和身体素质五方面所构成。

1. 心理素质

人的心理是指人的感觉、直觉、思维、情绪、意志、兴趣和性格等。因此，人的心理素质应包括一个人的知、情、意和行或指智力因素及非智力因素，是一个人格气质、性格和个性倾向等方面的综合体现。良好的心理素质至少应包含情绪的稳定性、对人的宽容性、对事物的创新性和对工作的时效性。心理的稳定性就是在遇到任何障碍和困难时，心理不失调，都能采取社会所需要的正确态度和行为来对待；对人的宽容性就是对别人的缺点及自己看不惯的事能容得下，心胸开阔，与人能和睦相处、密切配合，共同完成承担的任务；对事物的创新性就是要具有创新精神，敢想敢干，不故步自封，能做到胜不骄、败不馁；对工作的时效性就是能合理运筹时间，在单位时间内大大提高工作效率。

2. 品德素质

品德素质是政治品质、思想品质和道德品质等方面的表现。实验室工作人员必须维护实验室声誉，自觉执行国家有关法律、法规和各项规章制度，有崇高的理想和抱负，有坚强的意志力，有很好的敬业精神，坚持民主的思想作风，大公无私，有奉献精神，严格遵守本行业的职业道德规范。

3. 文化知识素质

文化知识素质包括广博的知识、合理的知识结构和精通专业知识。文化知识不仅包括书本的理性知识，还应包括实际经验、知识更新程度以及独立思考、分析问题和解决问题的能力。

4. 能力素质

能力素质指一个人的智力、技能或才能，也包括一个人的观察力、记忆力、想象力、思维能力以及接受新事物的能力。智力是一个人运用知识解决实际问题的能力，技能是在多种素质的基础上，经过实践锻炼而形成的工作能力。不同的工作需要具备不同的才能，而不同的个人有其最适宜的工作范围。领导者应具备科学的决策能力、组织指挥能力、沟通协调能力、灵活应变能力和改革创新能力等，实验室技术人员则应具备良好的动手能力、独立思考能力、分析问题解决问题能力和创新能力等。

5. 身体素质

身体素质即身体条件、健康状况。人的体力受身体发育程度和健康状况的影响，表现为人的负荷力、推（拉）力和耐力等。人有了充沛的体力，就能承担繁重的工作任务。良好的身体素质还表现为对外部环境变化的广泛适应性，如炎热或寒冷、高空或地下、陆地或水中，人的身体只有能适应各种外部环境，才能在各种条件下正常工作。

在实验室人员的素质中，良好的心理素质是其他素质的基础，身体素质是文化知识素质和能力素质的保证，品德素质是文化知识素质和能力素质正常发挥的前提。

（二）实验室人员的组成和结构

实验室工作是一种复杂的综合性工作，一个实验任务常需要多学科、多专业的工作人员相互配合共同完成。如各级疾病预防控制机构实验室经常面对复杂而紧迫的任务，这需要能够熟练掌握疾病与健康危害因素监测、流行病学调查、疫情信息管理、消毒和控制病原生物危害、实验室检验等相关技能的人员相互配合完成，这样才能有效面对疫情发生和突发公共卫生事件发生。所以，实验室人员的组成和结构至关重要。

1. 实验室人员的组成

各级实验室的工作多种多样，专业的性质各不相同，根据工作性质的不同，实验室人员可分为三大类：负责各种管理工作的管理人员、承担各类实验室工作的实验技术人员以及提供物资和各种服务的后勤保障人员。

根据工作任务的特点、实验的特点以及工作任务的多少，通过评估实验室人力资源的现状以及发展趋势、系统全面地分析来确定实验室对人力资源的需求，以确保实验室在完成疾病预防与控制、疫情报告及健康相关因素信息管理、健康危害因素监测与干预、实验室检测分析与评价、健康教育与健康促进、技术管理与应用研究指导，特别是疫情的处理和突发公共卫生事件应急处置时，实验室能够保证一定的数量和质量的人员，以满足各个岗位的需要。

实验室人员应按照分工协作的原则，各尽其能，相互配合，互相协作，使实验室的功能得到正常的发挥。

2. 实验室人员的结构

实验室人员的结构是实验室建设与管理的基础，也是实验室人力资源管理的重要组成部分，它不仅决定着实验室人才群体的功能、成果多少和贡献大小，更决定着实验室活力的大小。实验室人员的结构包括年龄结构、职称结构、学历结构及专业结构。

（1）年龄结构

年龄结构是指一个实验室系统内，实验室人员各种年龄比例构成以及实验室人员平均年龄等。年龄结构关系到实验室队伍整体的质量、创造力和生命力，也影响着这支队伍科研、技术开发的整体活力和潜力。

脑力劳动是复杂劳动，需要劳动者具有旺盛的精力，很强的创造力、记忆力和理解力，以及丰富的想象力。这些因素与年龄有密切关系。青年具有大胆创新的精神，而且精力旺盛、记忆力强；年龄较高的科学家或专家经验丰富，判断力成熟，情绪稳定，能有效地利用相关资料。因而，不同年龄人员的组合可更好地发挥实验室的能力。

合理的年龄结构对于建立良好的年龄梯队、实现人员的新老交替、促进实验室建设、提高实验室的技术水平和科研能力都是十分重要的。合理的年龄结构可使实验室人员队伍后继有人，形成老、中、青紧密结合的良好局面。各级疾病预防控制机构在对实验室人员进行补充时，一定要考虑年龄结构，以保证实验室技术水平的持续提高。

（2）职称结构

实验室人员的职称结构是指不同知识和能力级别的人员比例，是影响实验室队伍质量和效能的一个重要因素。在一个组织系统中，需要有不同层次的科技人员在智能上互补，以发挥整体优势。合理的职称结构应由不同知识水平和能力水平的人员，按一定的比例构成一个有机体。在一个机构中，高、中、初级人才要配套，形成梯队。如高级人员不足，整个团队缺少学术带头人和指挥人员；中级人员不足，导致高级人员缺乏助手，需要把一定的精力用在一般性的技术工作上，造成人才浪费。

据国外文献介绍，基础研究机构中的高、中、初级研究人员的比例为 1 ：（2~3）：（2~7），应用研究为 1 ：（3 ~ 5）：（4 ~ 8），发展研究为 1 ：（2~3）：（8 ~ 10）。可见，合理的职称结构应是正宝塔形的。职称结构合理，高、中、初各级人员就能各司其职、各负其责、各展其能、相互配合、彼此协作，形成高效能的集体力，就能胜任各种复杂的实验任务，克服工作中遇到的各种难题。反之，职称结构不合理，就会导致人才的浪费、积压、埋没，从而增加内耗、降低效能，严重时可能会造成工作的失误，甚至威胁到人民的生命安全。

合理的实验室职称结构应该根据实验室工作的性质、工作量，以及实验室的发展，进行综合考虑。对于现存的不合理的职称结构应有计划、有步骤地逐步改善，从而建立起一支完善的技术梯队。

（3）学历结构

学历结构是指实验室人员具有不同学历的人员比例，反映实验室人才队伍受教育的程度，以及专业队伍的基本素质和水平。学历结构和能力结构有密切的关系，二者的不同在于前者只能代表人员受教育的情况，与工作能力没有必然的联系，但学历结构对于实验室的发展，以及实验室整体技术水平的提高有很大的关系。只要用人得当，良好的学历结构将发挥出巨大的能量，成为实验室建设和发展强大的推动力。

（4）专业结构

专业结构是指在实验队伍中具有各种学科和专业知识的人员以及他们之间的合理比例，即一个实验室系统内相关专业比例构成及其相互关系。

当代科学技术的飞速发展呈现出两大特点：一是学科、专业的划分越来越细，研究越来越深入；二是各学科、各分支之间纵横交错，相互渗透，相互促进，各种技术装备的综合性越来越强。因而要求实验室人员所具备的知识不但有一定的深度，还有一定的广度。因此，要肩负起当今社会的卫生检验重任，就需要有多种相关学科、相关专业人员的配合，共同完成实验室工作。著名的美国贝尔实验室自成立近百年以来，平均每天有一项发明专利问世，先后有 7 人获得诺贝尔奖。这个实验室取得成功的因素很多，其中一个重要原因，就是科技人员的专业结构合理。这个实验室有学位的科技人员中，主体专业——电子工程和通信工程的专业人员只占实验室总人数的 40% 左右。其他各类专业的人员占实验室总人数的 60% 左右，包括计算机科学、机械工程、化学工程、冶金工程、商业、法学、外事、管理、财务、心理以及有关文科专业等。可见专业结构合理，各类人员就能互相配合，更好地发挥科研人员的群体效率，提高科研工作效率。对科研人员来说，在这种结构中通过智能互补，更能发挥自己的作用和创造出更多的成果。

对于不同的实验室，专业结构主要依据实验室工作任务和发展方向的需要，进行合理的配套，而对于疾病预防控制机构，专业结构的配备应照顾全局，加强重点，建立自己的特色。

（三）实验人员的能力保证

在具备了合理的人员结构、良好的人员素质的基础上，要使实验室人员的能力得到充分的体现，还需要一套切实可行的人力资源管理制度的支撑，这是实验室管理者必须重视的问题。要使实验人员能力得以充分体现和发挥，得到有效保证，应该遵循以下基本原则。

1.任人唯贤的原则

这是人力资源管理的一个重要原则。人与人之间的才能是不相同的，任人唯贤就是应根据每个实验室人员的不同才能，安排适合的岗位，做到适才适用、人事相配、职能相称、人尽其才和才尽其用。在使用实验室人员时，要善于发现人才，并依其才安排好相应工作，给予每一位工作人员适当的位置和充分的尊重和信任。在职称评定、工资待遇等工作和生活的问题上，应给予每一位工作人员关心和关怀，使他们能安心工作。在补充新人员时，还应适当考虑个人的兴趣爱好。坚持任人唯贤的原则就能够充分发挥各种人才的积极性和创造性，使实验室的各种能力得到最大限度的发挥。

2. 注重实绩的原则

工作实绩包括人的敬业精神、专业技术能力等，是人们通过脑力劳动和体力劳动创造出来的。思想政治觉悟高，对工作认真负责，专业能力强，就能提高劳动效率，工作实绩就突出。因此，评价实验室人员工作的好坏、能力的高低，只能以其工作的实际业绩为根据。

注重实绩就是要坚持德才兼备的原则。"绩"是德的实际反映，是能的具体体现，是勤的结晶。只有德而缺乏能，往往是心有余而力不足；相反，能力很强但欠缺道德，也不能把事情办好，所以一定要注重实绩，坚持德才兼备的用人原则。但注重实绩并不是简单地以实绩对工作人员进行取舍，因为个人的实绩除了德、能和勤等因素影响以外，还受环境因素、群体因素以及其他各种因素的影响。因而，对一个人的实绩评价应进行全面分析和综合考虑。

3. 激励的原则

激励是指激发人行为动机的心理过程，即通过各种客观因素的刺激来引发和增强人的行为的内在驱动力，运用各种有效的方法，调动人们的积极性和创造性。

心理学认为，需要、欲望越强烈，动机就越强烈，行为的积极性、主动性就大大提高。根据这一原理，可通过满足或限制个人需要的办法，来改变人的心理状态，影响其动机，从而达到改变行为方向和行为强度的目的。这种做法在行为学中称为激励。因此，在人力资源管理中运用激励机制就是采取各种办法来激发人的欲望，使其产生某种工作动机，并通过适时地给予适当的满足或限制的办法，来影响其工作动机，以达到调动员工工作积极性和创造性的目的。

有关研究表明，一个人如果工作积极性很高，他的才能可发挥出 80% ~ 90%；反之如果没有积极性和主动性，就只能发挥其才能的 30% 左右。可见合理的激励机制在调动实验室人员积极性、创造性和主观能动性方面所起的重要作用。因此，根据各自的情况，在大量调查研究的基础上，制定出符合本单位特点的激励措施，是保证实验室能力发挥不可缺少的重要因素。

4. 建立竞争的原则

建立竞争机制就是要让所有的工作人员放开手脚，靠实力在竞争的浪潮中自由拼搏，充分发挥每个人的主观能动性。坚持竞争原则，要解决以下几个问题：

（1）在用人方面，必须坚持德才兼备，能者上，不称职者下，杜绝一切形式的任人唯亲和各种照顾。

（2）各层次工作人员的录用和提拔，要通过公开平等的考试（考核）择优任用。

（3）工作人员的职务升降要以实绩为主要依据，把对工作人员的考核与使用结合起来。

5. 精干的原则

一个实验室机构的设置，要本着精简、效能和节约的原则，要根据实验室的职能任务来组织队伍，既要有合理的层次和系统，又要有相互间的有机结合，以形成一个最佳效能的群体。建立起一支既掌握现代科学技术知识，又具有事业心、管理有方、组织严密的精干队伍，使实验室创造出显著的绩效。

6. 民主监督的原则

由于实验室人力资源管理的直接对象是人，这就决定了管理工作的复杂性和特殊性。复杂性体现在人本身是复杂的，而管理者很难做到完全彻底地"知人"、了解人，而对人知之不深，就很难做到完全合理地使用；特殊性体现在人是有思维和感情的，人与外界的任何一种事物接触，都会引起一系列心理活动，而心理活动又会影响到他的工作动机，从而影响到他的工作积极性。因此，任何一项人事决策，不管正确与否，其影响之广、之深、之久是其他决策无法比拟的。因此，人力资源的管理必须引入监督机制。监督就是对人力资源管理的民主过程，要提高透明度，克服神秘化。要做到民主监督，应做好工作人员录用的公正、公开；干部提拔的公平合理；评议干部的民主化；制度的健全；人事监督机构的设置。

7. 岗位责任制原则

实验室应该建立完善的岗位责任制，制定出以岗位责任制为中心的综合目标管理责任制和自查、抽查、考核相结合的定期考核制度。要使每一个实验室人员都清楚自己的岗位，明确岗位的责任，知道自己该做什么、怎么做、做得好不好，以保证实验工作的顺利进行。

（四）实验室核心能力人才的建设

1990年，美国著名经济管理学家 C.K. 普拉哈拉德和 G. 哈默于提出"核心竞争力"即"核心能力"的概念。并将其定义为技能与竞争力的集合，是指能为企业进入市场带来潜在机会，能借助最终产品为顾客利益做出重大贡献而不易被竞争者所模仿的能力。其本质内涵是让消费者得到真正好于、高于竞争对手的不可替代的价值产品、服务和文化。据麦肯锡咨询公司的观点，"核心竞争力"是指某一组织内部一系列互补的技能和知识的结合，它具有使一项或多项业务达到竞争领域的一流水平、具有明显优势的能力。实验室核心能力人才的建设就是要形成"核心能力"，对于有条件的实验室，应通过行之有效的手段，全面提升实验室的"核心能力"。

1. "核心能力"中实验室人才的基本特点

从"核心能力"的固有品质看，该项能力是实验室人才素质中最有价值的资产，核心能力一旦形成，就会成为单位可持续性发展的战略性优势，以实验室人才的核心能力为依托，就可以随时根据变化了的外部环境形势，及时创造利于自己生存和发展的条件与先机，从而立于不败之地。

（1）"核心能力"人才素质的动态性。人与疾病做斗争的疾病控制领域历来是"充满不确定性的领域"。作为实践活动的主体，实验室人才本身的素质结构也必然与一定历史时期的疾病控制态势相适应，纵观古今中外的历史和现实，无不向人昭示一部人类社会与疾病做斗争的历史，这几乎就是一部反映人才素质调整和能力变革的发展史。

（2）"核心能力"人才能力的异质性。人与疾病做斗争既是力量的对抗，更是谋略的较量，而且首先是人们掌握的科学知识。面对突发而至的公共卫生事件，需要有"核心能力"的人才靠某种科学性的行为，表现为在突发公共卫生事件应急检验的关键时刻，做出超乎寻常的奇谋良策，为突发公共卫生事件进行定性和判断。因此，核心能力在很大程度上是实验室人才独一无二的高能素质，这往往是一般性人才不具备或暂时不具备的能力。

（3）"核心能力"人才生成的特殊性。实验室核心能力往往与特定的个体人才相伴而生，它是在实验室人才成长与发展过程中经过精心培育和长期积淀而成的，深深融合在人才的内在品质中，特色内涵突出，表现出很强的难模仿性。

（4）"核心能力"人才效能的递增性。核心能力一旦形成，就不会像实物资产一样因使用而减少、因时间而损耗，当它被应用、共享和发挥时，核心能力还会进一步加强。因此，"核心能力"的形成往往就意味着实验室人才对某检验领域实践活动的把握、独享、控制甚至垄断。

2. "核心能力"中对实验室人才的内在要求

（1）具备良好的身心素质。身心素质包括身体素质和心理素质两个方面的因素。强健的身体素质是发挥聪明才智的物质（体力、生理）基础。面对种类繁多的各种不同的检验活动和不明原因的突发公共卫生事件，既有艰苦的脑力劳动，又有繁重的体力劳动。作为"核心能力"的承载机体，实验室人才要有健壮的体魄、旺盛的精力，能适应艰苦紧张工作的耐力，才能具有应对条件变化的应变力和抗御疾病的抵抗力。良好的心理素质是聪明才智得以发挥的精神力量。具备了良好的心理素质，就能耐得住寂寞、忍受失败和挫折，就能在任何错综复杂的干扰和假象中保持清醒的头脑，时刻富有事业心和进取心。

（2）具备合理的知识结构。面对不断涌现的新知识、新技术和新方法，知识密集和高科技手段已成为实验室检验实践的主要特点，专业人才、智能人才成为实践活动的主体。从素质结构上讲，随着疾病预防控制体系建设步伐的不断加快，各种仪器设备的科技含量持续递增，实验室人才必须加大以前沿信息为先导、现代高技术为基础的"关键性知识"在素质结构中的比重，以促进实验室"核心能力"的形成。从层次结构上讲，"核心能力"的形成需要整个单位各部门的协调运转，任何一个层次都离不开科学技术和前沿信息类"关键性"知识载体的支撑作用，要达到各层次的高度合成和协调，必须通过人才结构优化促进整体功能改善，否则将直接影响实验室"核心能力"的形成。

（3）具备强烈的创新思维。创新作为人类实践中的一种富有成效的活动形式，既是一个人素质发展的高级表现，更是一个实验室发展壮大的生机与活力源泉，实验室"核心能力"中的人才需善于跟踪技术领域新进展，结合不断变化的外部形势，实现全方位资源共享的基础上，因地制宜，不失时机地开拓创新，始终占领高科技前沿阵地。此外，由于技术领域的激烈竞争和技术壁垒的存在，关键技术等核心知识和信息从来都是秘而不宣、秘不可知，这就要求实验室高度重视对人才"原始创新"能力的培养，力求在某些决定性环节上突破条件约束，以获得技术优势，奠定"核心能力"的基础。

3.培养学科梯队的方式

（1）完善人才开发机制。改变科技活动中侧重于对个人培养的模式，重点放在对某一研究方向上人才群体的培养，根据学科特点及人员的科研、技术水平，排出应形成的人才梯次，有拔尖的、有中等的和有做辅助工作的。一个学科只有形成良好的梯队，才能各尽其能、各尽其责，更好地发挥每个人的作用和聪明才智，防止实验室"核心能力"的贬值和流失。

（2）建立人才竞争机制。由实验室最高管理者任命学科带头人而又缺乏科学评价体系的状况，很难让优秀人才脱颖而出，只有建立一种变"伯乐相马"为"竞争赛马"的竞争机制，才能造就出优秀的科技帅才。在建立科学评价体系的基础上，把总体要求、基本条件和需要达到的目标张榜公布，让全体科技人员竞争答辩，建立一支思想过硬、结构合理、业务水平高并富有开拓精神的实验室科技人才队伍。

（3）完善人才激励机制。对优秀人才要在科研基金、人员配备、实验条件上给予重点扶持，在外出进修、生活保障上给予重点照顾。

目前，人才的严重流失是制约实验室培育"核心能力"的一大瓶颈。我国各级疾病预防控制机构实验室面临人才短缺和人才断层的困境。表现为一般性人才较多，而具备强力竞争优势的高素质人才缺乏，使得"人才既'多'又'缺'的现象并存"，作为实验室的管理者来讲，要使人才以坚定的信念为导向，做到在任何情况和任何条件下，都恪守"以实验室为家"的执着精神，牢固树立"以人为本"的理念，通过建立科学合理的用人机制，增强人才的紧迫感和压力感；通过强化人才激励与保障措施，增强人才的价值感、安全感及人才的归属感和荣誉感，营造一个和谐的实验室工作和科研环境。

二、人力资源培训

人力资源培训是指"由组织提供有计划、有组织的教育与学习，旨在改进工作人员的知识、技能、工作态度和行为，从而使其发挥更大的潜力，以提高工作质量，最终实现良好组织效能的活动"。各种方式、各种类型的培训是人力资源管理的重要内容，是提高整体素质和水平、充分发挥员工效能的有效的重要措施。

（一）培训的基本概念

1. 现代培训的主要内涵

培训是一种组织行为，是组织的责任和义务；培训是一种教育和学习活动，应当有计划地进行；培训的目的在于提高员工的整体素质；培训是一种提高组织效益的投入行为，有助于组织目标的实现。

人力资源培训是实验室人力资源开发的基础性工作，也是实验室在当代市场的激烈竞争中赖以生存和发展的基础。

2. 实验室人力资源培训的必要性

（1）培训是知识更新的需要。由于科技不断进步，新理论、新知识和新技术层出不穷。随着生命科学的深入，对于生命现象的认识和对疾病的诊断治疗必将有重大的进展，甚至突破。因此，每个实验室工作者必须紧跟生命科学前进的脚步，不断学习、实践和创新。人们只有不断接受培训，才能跟上时代前进的步伐。

（2）培训是自身生存和发展的需要。科技的进步使社会阶层不断发生变化，随着知识的不断升值，财富分配的轴心发生偏转，知识资本（智力资本）逐渐得到社会的认可，学习和培训也因此成为人们的一种需求，成为生存和发展所必需。

（3）培训是提高个人竞争力和增强综合国力的需要。知识经济时代，知识的无限性、易老化性（易陈旧性）日益明显，知识的生命周期在变短，人们已拥有的知识作为商品的价值，随着新知识、新技术和新工艺的产生而变得一文不值。同时，知识经济时代是一个竞争的时代，是一个主要靠知识和智力取胜的时代。个人竞争力取决于个人对知识的占有和应用，国家间的竞争则表现为综合国力的竞争，而提高综合国力的关键是人才，谁拥有人才谁就拥有未来。因此，客观上要求每一个人应不断地接受培训、增长知识、增长才干。

（4）培训是实验室聚集人才、增加凝聚力的手段和参与市场竞争的需要。人才是实验室发展的基础和动力，是实验室在竞争中取胜的关键。人才进入市场，自主择业，实验室到市场中择人。当代人才不仅看重实验室提供的物质生活条件，更看重自身价值的实现条件，能否获得良好的培训和拓展自己的知识、智力已成为其择业的重要条件。因此，培训是实验室吸引和凝聚人才的重要手段。

（二）培训的原则

1. 理论与实践相结合

理论是实践的先导，学习理论的目的是要解决实验室检验工作中存在的问题。所以，培训必须注意理论与实践的结合，围绕为服务对象和为实验室工作服务设定培训内容。

2. 分类培训、因材施教、学以致用

应当根据员工所从事的工作岗位职责的不同，进行分类培训。要从培训对象的实际出发，并考虑未来的发展方向和需要来安排培训内容，因材施教。一般地讲，"干什么、学什么""缺什么、补什么"。同时，还应当要求学员学以致用，在实践中检验培训效果。

3. 长期战略与近期目标相结合

实验室对人员的近期培训是为了解决目前的需要。因为人才培养效益是滞后的，没有远虑必有近忧，所以，在安排培训时必须考虑到实验室的长远发展。因此，实验室必须制订人才培养规划，将远期目标与近期安排有机结合，既要确保实验室近期工作的有序进行，又要保证长远目标的实现。

4. 以内部培训和在岗培训为主

实验室是一个实验任务繁重、面向社会多方面服务的机构，它必须通过实验室的检测服务创造社会效益和经济效益，因此不可能安排很多人同时参加培训，而只能以内部培训和在岗培训为主。

5. 以专业知识和技能培训为主

实验室应从时间和内容的安排上，保证培训应以专业知识和专业技能培训为主。

6. 灵活和激励

每个人的经历、能力、精力、知识、经验、兴趣、理想与追求等都不尽相同，培训要有一定的灵活性和针对性，这样才能收到较好的效果。激励能激发学习热情，对实验室工作人员来讲，激励更为重要，激励能促进成年人克服各种干扰，坚持学习。

7. 系统综合和最优化

培训是涉及实验室各个专业的一个系统工程，需要综合考虑各专业实验室、各类人员的相互关系，不能忽略任何一方，又不能无所侧重。最优化原则是培训要抓住最本质和最主要的内容，根据培训对象的特点，科学设置培训课程，合理安排教学进度，选择有效的教学方法，实现最佳的培训效果。

8. 循序渐进和紧跟发展前沿

实验室是由各级卫生专业技术人员组成的知识密集型单位。对初级、中级人员的培训应遵循由浅入深、循序渐进的原则安排学习内容。高级人员的培训则应注重国内外先进理论和先进技术手段的学习、研究和运用为主。

（三）培训的类型及途径

1. 培训的类型

依据培训与岗位的关系，培训类型分为以下三种。

（1）岗前培训。岗前培训分为新录用人员上岗前和本科室人员从事新岗位时培训两种。新录用人员上岗前的培训，其内容涉及实验室和科室基本情况的介绍、岗位规范的学习以及从业要求等；本科室员工到新的技术岗位时也要进行培训，其内容包括实验方法、质量控制措施、影响实验结果的各种因素及临床价值等。培训后经考试合格，主管人员应书面授权后方可进行本岗位工作。

（2）在岗培训。又称不脱产培训，即边工作边学习。

（3）离岗培训。又称脱产培训，包括外派进修学习、参加脱产学习培训班、保留公职参加学历教育等。此外，还包括转岗培训和待岗培训等。

2. 培训的时间与途径

依据培训时间的长短分为长期培训和短期培训。长期培训一般指半年及其以上时间的培训，如挂职锻炼一般都在1年以上，学历教育一般在2年以上；短期培训则时间比较灵活，可以是几小时、几天或几个月。培训又可分为内部培训、外部培训和内外联合培训等。

（1）内部培训。是指由实验室组织的在实验室内部进行的培训，如实验师的规范化培训、实验室内各科室学术讲座和科内各种新技术训练等。内部培训是培训的最主要途径，其优点是培训面可大可小，视对象和条件可灵活掌握；投入少，简便易行，方便管理。

（2）外部培训。一般是指组织派出本实验室人员到外单位学习，由本实验室支付培训费，或由实验室与学习者个人共同支付费用，或者相关单位、组织赞助经费。派出学习是一种组织行为，培训结束后，被培训者应当返回本单位工作。外部培训又可分为国外培训、国内培训和国内外联合培训等。

还有一些外部培训是工作人员根据个人或组织的需要，利用业余时间由个人自行安排接受的培训教育，这种形式正在成为当代培训的一种重要途径和新风尚。

（四）培训的组织实施

培训的组织实施主要包括需求分析、制订培训计划、培训具体设计、培训实施和培训评价等。下面仅就其主要方面予以概述。

1.需求分析

围绕开展什么样的培训有利于组织和员工的发展，进行需求分析。

（1）确定培训目标。根据科室建设目标和发展计划，从中找出实现组织目标的人才需求，探索人才战略，判定培训目标。

（2）分析人力资源现状。找出人力现状与实现组织目标所需人才之间的差距，了解科室人力自身对培训的需求，了解卫生人力资源市场的行情。

（3）需求分析。根据本学科发展需要，结合本单位人才特点，分析人才培训的需求，以满足人才需要的可能性，从外部引进本实验室急需、紧俏人才的可能性。从解决现存问题、适应环境变化的挑战和未来发展需要三个方面确定人员培训的需求；可以依据培训对象，分别制订计划，并且根据需要和重要性按优先顺序排队，以保证重要项目的实施。在分类分层计划的基础上，将确定下来的培训任务按执行时间排序，便于工作安排和监督。

（4）做出培训需求评估。

2.制订培训计划

（1）制订计划的原则

①突出重点。在普遍培训的基础上，要突出重点。科室人员培训重点应该是在本科工作的人员，特别是重点专业工作人员和科室短缺的人才。所谓重点专业，是指在本专业和本地区处于领先地位、在社会或同行中有较大影响的可作为本科室特色的实验室。培训内容也要突出重点，对初级人员培训重点应是侧重基础理论、基本知识、基本技能的培训；对中、高级人员培训的重点应侧重高新技术、新知识、新理论和科技发展新动态的介绍和研讨。

②组织需要与个人需求相结合。按照培训人员的自身素质、技术水平，结合实验室对人才的需求确定培训对象。组织需求是第一位的，在满足组织需求的前提下，努力照顾到个人的理想和价值的实现。

③系统性、渐进性。工作人员个体水平的提高和科室整体技术水平的提升都是一个渐进的过程，计划的制订必须考虑在培训期内可能达到的目标。根据人员现状，分层次、分阶段、有步骤地进行。

④可操作性。一个规划或计划必须具有可操作性。首先，要考虑实验室人员的可调整性，脱产学习不能影响其正常的实验室工作，通过合理调整和安排，确保培训和工作两不误；其次，要考虑计划是否可行，如培训经费、师资、培训设施与设备能否满足要求等。

⑤整体性。培训要服从实验室整体战略目标，重点专业、重点人员（团队）的培训都应建立在提高科室整体水平的基础上。培训的安排应根据科室发展的需要，统筹规划，有序进行。

（2）计划的时限。根据计划的内容和科室人员情况而定。一般为1年，有时也可3～6个月。人力资源培训计划应当与科室的总体发展规划及计划的时限相一致。

（3）计划的内容。一般应包括实施策略、培训政策、培训对象、培训内容、培训师资、培训方式、方法和技术，还要考虑委托或选送培训的单位，实施时间、进度和培训的组织管理，支持条件以及由于培训造成的人员工作调整、培训评估等。能实现组织目标和个人理想契合的培训计划是最佳的计划。

3. 实施培训

（1）成立培训领导机构。科室的领导者和管理者应有人力资源培训与开发工作的理论和实践经验，具有人力资源开发与培训的战略眼光，具备较多的管理知识和较广泛的知识面，善于人际交往，具有服务和献身精神以及一定的组织和管理能力。

（2）确定接受培训的对象。参加每一次培训的学员类型与层次应基本一致，以便于课程设计的针对性并保证教学效果。

（3）选定培训教师。教师承担着传授知识和技能的主要任务，是培训成败的关键。教师应当是在所授知识领域有较深造诣的专家。教师应认真安排课程，提供丰富、恰当的内容，有效运用各种必要的教学辅助设备与设施，进行生动活泼的讲解，达到良好的教学效果。

（4）解决培训经费。经费是培训得以实施的重要保证。应当有明确、合理的经费预算，规定使用范围、使用重点和方向，加强培训经费管理。

（5）培训实施。要保证培训所需的教材、教学设备和环境要求；设有培训记录，其内容包括每次培训内容、参加人数、教员、教学质量和学员对教学的反馈意见及学员成绩的考评记录。

4. 培训的评估

评估是运用科学的理论、技术、方法和程序对培训项目的建立、设计、实施、组织管理以及培训实际效果等进行的系统考察，收集系统的有关资料、信息，评价该项目是否达到了预期目标并做出总结，为进一步决策提供参考。评估的类型一般有全面评估和单项评估两类。

（1）全面评估。一般是指在规划、计划结束或某一培训项目（培训班）结束后，对培训从开始计划、设计到项目完成一系列过程的全面评估。

（2）单项评估。一般是指对培训工作的某个方面、某个环节的评估。包括培训计划评估、培训成本评估、教学评估、培训管理评估和教学设计评估等。

三、人力资源的考核

对实验人员的考核是全面了解实验室人员德才水平、业务能力、工作业绩而经常或定期进行的一项管理工作。通过考核，可以使德才兼备和踏实工作的实验人员的自身价值得到实现，单位应通过晋升或委以更重要的工作，为他们创造更好的工作环境，激发他们更大的积极性和创造性。建立科学的考核制度，是实验室人力资源管理的一项重要内容。

（一）考核的基本原则

1. 求是原则

这是考核过程中应遵循的最重要的原则。考核必须从实际出发，实事求是地进行分析和评价，切忌主观臆断或用静止的观点看待问题。应防止用以后总模式去衡量每个员工，考核工作中，要重视调查和认识材料，尽量做到知人论事，兼有实据。在考核工作中，各级组织、领导和人事干部要排除一切干扰，坚持实事求是的原则，客观、全面、公正、公平地进行评价。

2. 兼重原则

在考核工作中，必须坚持政治与业务并重的原则。德与才是不可分割的统一体，离开"德"，"才"就失去了正确的指导方向；没有"才"，"德"便失去了内在支撑。在考核工作中，片面地强调"德"或片面地强调"才"都是错误的。

3. 实绩原则

考核工作中要侧重在实践中考察专业技术人员的劳动成果和工作实绩。实绩是实验室人员实际为社会做出的劳动成果，是一个人政治思想、工作能力和工作态度的客观表现。一个的思想品行好坏、能力高低，最终要体现在实绩上。在考核的各个项目中，都应该以工作成绩为主，工作成绩的分数一般应占考核总分的一半以上。

4.按级别考核原则

对不同系列、不同层次的专业技术人员，根据其不同的任职条件或岗位职责确定具体的考核内容和考核渠道。按各类人员各自的工作类型和业务特点，结合当前从事的工作进行考核，不同层次的专业技术人员（如同一系列的高级、中级、处级人员）由于其职责不同、要求不同，考核的标准也应不同，应有能力、层次之分，使其真正做到干什么考核什么。

（二）考核的方法

1.定性考核与定量考核相结合

对专业技术人员的考核，需要对其品德、素质、能力和业绩全面进行衡量，这就需要一种兼有测量之长和评定之优的方法，定性与定量相统一的原理能够满足这一要求。

定性考核就是用比较概要的标准，对被考核对象的品德、素质、绩效进行鉴别和评价，具有简便、直接、便于考核的优点。定性考核结果很好地衡量技术人员的品德和素质，但并不能准确地衡量出技术人员的能力和业绩。定量考核是将考核要素规范化并建立数学模型，通过计算以数值代表被考核者成绩，其优点是客观、准确和便于比较。这种方式可以很好地衡量专业技术人员的能力和业绩，但不能很好地体现品德和素质。所以，应结合定性和定量考核两种方式全面衡量专业技术人员品德、素质、能力和业绩等。

2.平时和定期考核相结合

平时考核是指对专业技术人员进行经常性的观察考核，了解其平时的工作状况及成绩的一种考核。平时考核是对被考核人动态过程的一种积累过程，具有及时性、连续性和简便易行等特点，并达到一定的可信度，相对比较准确。平时考核为定期考核积累资料，是定期考核的基础。年度考核是最常见的定期考核方式。年度考核是在平时考核的基础上结合年度工作总结，全面了解、分析和评价实验室工作人员在一定时期内做出的成绩和效果，考察其是否称职。将平时考核和定期考核相结合，可以更加准确地反映实验室工作人员的工作绩效，为他们的晋升、调资、奖惩和续聘提供依据。

（三）考核结果的使用

考核的目的是发现人才、选拔人才，达到奖勤罚懒、去弱留强的目标，其根本出发点还是为了发挥全体专业技术人员的积极性和创造性，为社会创造更多的精神财富和物质财富。因此，考核结果与实验室人员的晋升、调资、奖惩和续聘等挂钩，是现代人力资源管理不可忽视的有效杠杆。考核结果除了为晋升、调资、奖惩和续聘提供依据外，还应作为实验人员参加培训和进修等方面的参考，也是实验室人员自我改进的依据。

参考文献

[1]中国合格评定国家认可中心编.生物安全二级实验室建设与运行管理指南[M].北京：中国计量出版社，2022.10.

[2]张红，任武刚.实验室规范化管理及安全操作指南[M].咸阳：西北农林科学技术大学出版社，2021.10.

[3]李新实编.实验室安全　风险控制与管理[M].北京：化学工业出版社，2021.10.

[4]（美）雷诺兹·M.萨莱诺，詹妮弗·高迪索，著；刘刚，陈惠鹏，译.实验室生物风险管理　生物安全与生物安保[M].北京：清华大学出版社，2021.07.

[5]施盛江.高校实验室安全准入教育[M].北京：航空工业出版社，2021.03.

[6]王国田，吴俊，黄金林.高校实验室压力气瓶安全技术与管理[M].苏州：苏州大学出版社，2020.12.

[7]刘海峰，曾晖，李瑞编.化工实践实验室安全手册[M].广州：中山大学出版社，2020.12.

[8]冯建跃著.高校实验室安全工作参考手册[M].北京：中国轻工业出版社，2020.07.

[9]孙翔翔，张喜悦.实验室生物安全管理体系及其运转[M].北京：中国农业出版社，2020.06.

[10]雷敬炎.实验室建设与管理研究[M].武汉：武汉大学出版社，2020.05.

[11]孟敏编著.实验室安全管理教育指导[M].咸阳：西北农林科技大学出版社，2020.

[12]陆紫生.高校实验室安全技术概论及多级立体管理制度体系[M].上海：上海交通大学出版社，2020.

[13]董锦绣著.高校实验室安全与管理研究[M].沈阳：辽宁大学出版社，2020.01.

[14]顾华，翁景清.实验室生物安全管理实践[M].北京：人民卫生出版社，

2020.06.

[15] 李莉, 彭奕冰. 临床实验室质量管理基础实验指导 [M]. 北京: 人民卫生出版社, 2020.

[16] 吴佳学. 临床实验室管理 [M]. 北京: 中国医药科技出版社, 2019.12.

[17] 李丹, 李淑云著. 高校实验室管理与安全技术 [M]. 长春: 吉林文史出版社, 2019.11.

[18] 黄开胜. 清华大学实验室安全管理制度汇编 [M]. 北京: 清华大学出版社, 2019.04.

[19] 任宁, 包海峰. 医学实验室建设与运营管理指南 [M]. 北京: 中国标准出版社, 2019.04.

[20] 浙江省病原微生物实验室生物安全质量管理中心编. 生物安全实验室建设与管理 [M]. 杭州: 浙江文艺出版社, 2019.03.

[21] 苏莉, 曾小美, 王珍. 生命科学实验室安全与操作规范 [M]. 武汉: 华中科技大学出版社, 2019.01.

[22] 魏燕, 武卫东, 缪渝斌, 陈家星, 杨鑫鑫. 能源动力实验室安全虚拟仿真综合实验教学设计与实践 [J]. 高等工程教育研究, 2023(A1): 168-171, 175.

[23] 陆春雪, 张艳, 雷爱华, 彭波. 高校实验室安全管理问题与对策研究 [J]. 教育教学论坛, 2023(22): 10-13.

[24] 陈燕清, 江欣欣, 谢雅丽. 高校实验室安全管理队伍建设 [J]. 化工管理, 2023(21).

[25] 单颖, 胡凯, 李肖梁. 新时代高校兽医实验室生物安全管理体系构建 [J]. 教育教学论坛, 2023(21): 17-20.

[26] 黄文颖, 林尤潮, 田斌. 生态环境监测实验室安全管理现状分析与风险防控 [J]. 科海故事博览, 2023(21).

[27] 秦璐璐, 孝大宇, 韩晶, 田实. 强化实验室安全管理, 提升实验室管理水平 [J]. 科技风, 2023(19): 163-165.

[28] 侯作贤, 汪波, 林莉, 向本琼. 高校实验室安全全过程管理的思考 [J]. 化工管理, 2023(19): 97-99.

[29] 席宇迪, 马运强, 周明龙. 高校实验室安全管理问题与改进措施 [J]. 科技风, 2023(19): 160-162.

[30] 李丽, 汤艳, 汪春梅. 构建实验室危化品安全管理体系 [J]. 化工管理, 2023(18): 69-71.

[31] 姜松，洪敏，赵永超，袁青．高校化工实验室安全管理体系建设 [J]．科技风，2023（17）：137-139．

[32] 赵志伟，叶原丰，管航敏，林晓霞，田文杰．高校实验室危险化学品安全管理探索 [J]．化工管理，2023（16）：113-116．

[33] 李锐，张欣艺，李雪．基于 VOSviewer 的高校实验室安全管理的可视化分析 [J]．化工管理，2023（16）：101-104．

[34] 曾洁，张云怀，吴正松，李莉．新工科背景下高校实验室安全管理现状与对策 [J]．高教学刊，2023（15）：149-152．

[35] 李萌，郭芮兵，陆通，马本华．新加坡国立大学实验室安全管理模式的研究及启示 [J]．化学教育（中英文），2023（14）：119-124．

[36] 罗正东，王宁，谭志刚，林惠然．浅谈生物安全二级实验室建设与设备管理 [J]．中国设备工程，2023（12）：64-66．

[37] 裴婕，冯凌竹，王爱玲，于波．基于风险分级的地方高校化学实验室安全管理 [J]．广东化工，2023（11）：219-221．

[38] 杨柳，余政军，尹小红，李海林，谭太龙．农学专业实验室安全管理初探 [J]．科技风，2023（10）．

[39] 赵浩卣．高校实验室安全风险评估与安全管理体系的构建 [J]．警戒线，2023（10）：129-132．

[40] 张晓燕，郭国栋，徐传霞．食品安全检测实验室的质量控制与管理策略研究 [J]．食品安全导刊，2023（10）：7-9．

[41] 徐文，张惠芹，李江，陈一兵，蒋敏．高校实验室安全风险分级分类工作探索与实践 [J]．化工管理，2023（10）：105-110．

[42] 苏欣．地方高校实验室特种设备安全管理方法的研究 [J]．科技风，2023（10）：152-154．

[43] 郑憬文，张孝中．高校实验室安全管理及污染防控 [J]．河南科技，2023（9）：116-119．